怪咖動物偵探
The Quirky Animal Investigator

怪咖動物偵探

The Quirky Animal Investigator

怪咖動物偵探 2
The Quirky Animal Investigator

家門外的野鄰居
My Wild Neighbors

文・圖 ◎ 黃一峯 YI-FENG HUANG

推薦序 Preface
自然就在你身邊

在繁華熱鬧的台北都市叢林裡，住著一位創作身分多元的自然觀察藝術家一峯，真心想拉近人與自然之間的距離；一峯十七歲時我就與他相識，對我來說他就是那個對大自然有豐富觀察力又充滿創意的怪咖朋友，即使後來作品和著作早已獲獎無數，但他依然對萬物充滿好奇，滿腦子以大自然為師的奇思妙想，常常讓我忍不住捧腹大笑，每一次聽他談到自己的自然觀察啟蒙老師竟然是「蚊子」，總能引來會心一笑。是的，你沒聽錯，千真萬確！如果你還不信，強烈推薦你翻閱他的另一本著作《自然怪咖生活週記》（遠流出版），詳細記錄著城市怪咖小孩，如何蛻變為自然創作藝術與觀察達人的精彩歷程。

跟著「怪咖動物偵探」一峯的腳步，你會發現，我們的城市生活充滿無限可能！他從小就習慣撿拾自然物來進行藝術創作，這也讓他練就了一雙敏銳的生態之眼。記得有天晚上，他帶著我走到學校旁大馬路邊，神祕兮兮地說：「晚一點，大赤鼯鼠會從圍牆邊走到那棵樹，然後爬到高處，滑翔過馬路，到對面森林覓食。」當我親眼目睹那一幕時，心中充滿震撼與感動！

更意想不到連他家附近、車水馬龍的重慶南路上，也可以觀察到行道樹上鳳頭蒼鷹的築巢繁殖，之後還發生鳳頭蒼鷹幼鳥離巢意外，竟飛進修車廠受困，一峯協助照顧並通報猛禽會，經過獸醫檢查無礙後，第二天晚上我們看著猛禽會的研究員用吊車將幼鳥放回樹冠

巢中,結束這城市生態驚奇。還有一次,則是和一峯在台北火車站附近的公園帶親子自然觀察活動,幸運的撿到赤腹松鼠的巢,一峯解說並展示巢裡隱藏的「床鋪」,令人讚嘆松鼠爸媽的愛心。一峯引導我們放慢腳步,了解與我們共同生活在城市裡的動物,才能產生真正發自內心的愛護與疼惜,與自然共存共好。

書裡還有許多不為人知的城市動物奧祕,都經由作者不辭辛勞地一點一滴觀察、記錄、拍攝、手繪等,透過個人獨特的詮釋風格,保有動物特徵的 Q 萌手繪,搭配漫畫插圖和爆笑旁白,幽默風趣文字,精心拍攝的圖片,全都收錄在本書。將生活周遭的野生動物生存智慧,轉化為一則則引人入勝的故事,保證讓你一看就懂,還忍不住嘴角上揚!只要你願意張開眼睛觀察、豎起耳朵聆聽、用心感受,你會發現,原來,最棒的自己正悄悄地與自然並肩而行!

我非常榮幸地向你推薦這本令人耳目一新的《怪咖動物偵探2:家門外的野鄰居》,認識城市裡那些天上飛的、地上爬的、水裡游的野生動物們,就像一道任意門,輕輕一推,你會發現「自然,就在你身邊!」

我深深覺得這是一本——
* 不管風吹到哪一頁,都能輕鬆閱讀的書。
* 大人小孩都會笑到愛不釋手的趣味圖文書。
* 值得你認真讀懂的城市野生動物行為寶典。
* 讀過保證會莫名奇妙多出許多「野鄰居」的魔法書!

自然教育推廣 & 賞鳥達人 / 吳尊賢

怪咖動物偵探 2 推薦序
Preface

用最繽紛的磚 搭起通往自然的橋

託黃仕傑老師與三立實境節目《上山下海過一夜》的福，我在五十七屆電視金鐘獎頒獎典禮上認識了黃一峯老師，當時我們幾乎暢聊了整個頒獎典禮，成為當年在國父紀念館最深刻的記憶，「峯哥」也取代「一峯老師」的稱謂變成了親切的存在。更沒想到幾年後，我們會一起經歷深刻的馬達加斯加之旅，成為攜手冒險的好兄弟。

以前與峯哥聊天時，總能聽到他「我女兒」來、「我女兒」去，直到有次見面看到他帶了一條狗，才恍然大悟原來他口中的女兒，竟然是狗女兒貝貝！這讓我更加佩服這位拿了四座金鼎獎的大作家，明明膝下無子，卻能洞悉孩子的心靈與需求，寫出一本本動人的兒少作品，實屬難能可貴。

2024 年底，我的人生迎來了重大轉折，老婆不僅生了孩子，還是一對雙胞胎。除了生涯規劃大轉彎外，更重要的是，從她們開始咿咿啊啊後，我便思考著我能為女兒帶來怎麼樣的世界觀。是讓她們跟隨我成長的軌跡，在教育體制內中規中矩地長大，再全力支持她們投入自己的志業？還是運用地利人和之便：家住淺山之中、還有個從事山野教育多年、走遍世界山林的老爸，讓她們從小當個與自然為伍的快樂小野人？

後者肯定會很累，但一定很好玩！熱愛冒險的我，打算選擇一條肯定不輕鬆的育兒路，期待女兒充滿大自然的未來。

峯哥的新書有著「打開家門就可以看到的野鄰居」的核心價值，這正是帶著孩子從生活周遭開始認識自然的最佳途徑：因為年齡過小的孩子並不適合遠行，若要帶著他們接觸自然，都市周遭甚至內部的微棲地與穿梭其間的生靈，就是建立孩子與大自然連結最好的元素。這本書是在提醒我們，居於都市中的現代人，依然仰賴自然而活，只是忘記了那些無孔不入、窮盡手段努力生存的各式生命，並不只局限在遠離人煙的山野之中罷了。

峯哥對於自然的觀察非常敏銳，且長年深入記錄婆羅洲、中美洲等地雨林的日子讓他看待自然的視野非常開闊。有別於聚焦本土物種的動物圖鑑，《怪咖動物偵探》系列書籍以城市為敘事核心，細細觀察居住期間的每一種生命；無論是否為台灣原生種或明星物種，峯哥總能以文字刻畫牠們不為人知的生活細節，用富有創意的畫筆重現萬物的神韻，搭配強大人脈網與自己拍攝而得的珍貴現場照片，虛實並用地呈現出鳳頭蒼鷹、五色鳥等都市野生動物最立體的樣貌，以及牠們所面臨的困境，引導讀者反思永續議題。

很開心能看見峯哥在睽違多年後，再次用他銳利的眼光、溫暖的畫筆與古靈精怪的文字，帶著孩子認識生活中動物們最真實與可愛的一面。其實這本書並不局限於兒少，風趣淺白卻不幼稚的文字，也讓它成為成人認識野生動物最好的入門磚。

希望打開這本書的你，能以此為磚，搭起一座家門口通往大自然的美麗橋梁。

山岳作家 / 雪羊 黃裕翔

怪咖動物偵探 2
The Quirky Animal Investigator
作者序
Preface

你也可以是怪咖動物偵探

從小，大自然的事物總是吸引著我，長大後，一趟生物多樣性的婆羅洲熱帶雨林探索之旅，開啟了我記錄自然的歷程；除了至今持續造訪的婆羅洲，我的足跡也跨越到中美洲、澳洲和非洲的熱帶雨林，不僅僅利用拍照、錄影、錄音，再加上繪畫、創作以及拓印的多元方式，盡己所能把所見的自然原貌記錄下來，並向更多人分享。這些看似複雜又勞累的工作，就因為自己曾經親眼見過雨林環境的消逝，所以深知這些記錄永遠都不嫌多。

不過多年前的一次演講，讓我有了新的思維。演講中我詢問現場孩子：「你們認識哪些動物或鳥類呢？」台下大家七嘴八舌搶答，有人回答大象，有人答長頸鹿、獅子……。「那在你們家附近有看過什麼野生動物嗎？」我接著問。孩子們突然都安靜了下來面面相覷，原本是稀鬆平常的問題，卻沒得到正面回應。在這次講座之後，讓我思考：我是不是也要開始記錄身邊的動物？熱帶雨林、國家公園或保護區的物種雖然都非常重要，但對於城市的孩子來說，那是書裡的「故事」、那是學校的「課程」內容、也是紀錄片頻道的「節目」，有沒有可能透過更有趣的方式，將周遭生活的動物鄰居們一一記錄下來，讓更多跟我一樣在城市裡長大的孩子，可以先從身邊隨處可見的生命來認識呢？

於是我開始在城市裡，打開我的「動物雷達」，將在野外尋找動物的方法也運用在城市裡，沒想到讓我有了許多意想不到的收穫。在公園領角鴞育雛的樹下巡邏撿拾臭臭的食繭、在車流量大的馬路上拍攝鳳頭蒼鷹覓食、到人來人往的車站外拍攝外來種的亞洲輝椋鳥、去果菜市場裡拍攝各種八哥……，而帶著相機大砲記錄的我，在人來人往的城市街道上顯得有些突兀，還常引來路人側目與圍觀，但因為發現的動物線索越來越多，所以城市的自然觀察讓我樂此不疲，而面對生物一個又一個未解的謎團，我也只能用長期的觀察與紀錄來解謎。

我自詡為「怪咖動物偵探」，「怪咖」一詞其實是台語，在以前是貶義詞，指的是行為不太正常的人，這也是很多長輩從小對我的觀點，但對我而言「怪咖」的怪，是對於自己鍾愛的事，有著異於常人的執著。我開始記錄城市自然故事之後，慢慢的追查出許多線索，而自己就宛如偵探般，沿著線索一一解謎、尋找答案，這也是自然觀察有趣的地方。

怪咖動物偵探系列叢書，從城市出發，記錄我們身邊的動物鄰居，無論你是孩子還是成人，即可立刻在生活中開啟觀察的雷達，因為大自然的故事永遠有新的結局，只要你願意用心去探索，將會有許多意想不到的發現；只要擁有好奇心，每個人都可以成為怪咖動物偵探。

讓我們從身邊出發，一起發掘城市動物的故事吧！

yiFeng 黃一峯

~謹將此書獻給一直支持我走入自然的大姨──陳月碧 女士（1951~2025）

怪咖動物偵探 2
The Quirky Animal Investigator

目錄 Contents

推薦序｜自然就在你身邊 ………………… 2

推薦序｜用最繽紛的磚，搭起通往自然的橋 ………… 4

作者序｜你也可以是怪咖動物偵探 …………… 6

捕魚小能手 **翠鳥** ………………………… 10

輕功水上飛 **紅冠水雞** …………………… 16

叫聲聲聲苦 **白腹秧雞** …………………… 20

本土黑幫 **冠八哥** ………………………… 24

外來的小混混 **白尾八哥** ………………… 28

台灣不是我的家 **家八哥** ………………… 32

紅眼煞星 **亞洲輝椋鳥** …………………… 36

斯文的白衣書生 **黑領椋鳥** ……………… 42

嬌小的青笛子 **綠繡眼** …………………… 48

低調奢華造型師 **五色鳥**	52
城市空中小霸王 **鳳頭蒼鷹**	58
南崁企鵝？！ **夜鷺**	66
城市裡的夜貓子 **領角鴞**	74
有味道的臭鼩 **錢鼠**	82
樹上的愛吃鬼 **赤腹松鼠**	86
頭上套襪子 **斑龜**	90
以世界為家的龜 **紅耳龜**	94
樹上的小恐龍 **斯文豪氏攀蜥**	100
面惡心善的代表 **盤古蟾蜍**	104
暗黑教主 **黑眶蟾蜍**	108
汪汪叫的蛙 **貢德氏赤蛙**	114
遍布世界的移民 **非洲大蝸牛**	118
外來霸王魚 **吳郭魚**	124
在地的夏日歌手 **紅脈熊蟬**	128
Tips1：用五感和動物做朋友	132
Tips2：城市動物捉迷藏	134

鳥類 BIRDS

美女吃點鮮魚嗎？

翠鳥
Alcedo atthis
Common Kingfisher

翠鳥 ✓
@ Common Kingfisher
留鳥

| 分類 | 翠鳥科 翠鳥屬
| 別名 | 普通翠鳥、魚狗、釣魚翁
| 城市出沒地點 | 公園或校園的池塘、河濱公園
| 大小 | 體長 14~16cm
| 食物 | 主要捕食小魚或小蝦
| 棲息地 | 海拔 1200 公尺以下淡水水域，包括溪、河、池塘、灌溉溝渠，海邊、河口及紅樹林也可以見到。

{ 捕魚小能手 }

「唧～」一聲鳴叫聲引人注目，

一道綠光快速閃過水面，

像投手投出的快速直球直穿入水，

接著水面瞬間揚起水花，

才一秒，牠已經叼著魚站在樹枝上了。

家門外的野鄰居

翠鳥

Common Kingfisher

一秒辨雌雄

翠鳥的公鳥和母鳥十分好辨認，公鳥的嘴喙為黑色，母鳥嘴喙下緣為橘紅色，像似塗了口紅！

看你端出什麼好料！

塗口紅好漂亮！

翠鳥男女大不同

來到公園水池邊，常會聽到「啁」一聲響亮的單音，接著就看到一道綠光閃過，那你一定是遇到翠鳥了！也許你會一頭霧水，哪來的翠鳥？因為這個身形小、動作又敏捷的小鳥如果沒有經過指點或仔細尋找，根本察覺不到牠們的存在。

翠鳥因其造型特殊，擁有美麗的色彩，讓牠十分受到歡迎，而想要分辨公母翠鳥也是一件容易的事，只要觀察牠們的嘴喙即可——公翠鳥的嘴是全黑色，而母翠鳥比較愛漂亮，牠的下嘴喙還塗了橘色口紅。記住這個訣竅，基本上一秒鐘就可辨識出是男生還是女生！公翠鳥的求偶方式，不像其他鳥類是用歌聲或舞步，而是在求偶期間會叼著魚或蝦子當成「求婚禮物」向母鳥示好，待時機成熟，母鳥會在吃完魚就進行交配，完成終身大事！不過母鳥也不一定每次都會接受，也有母鳥取食後「落跑」逃婚的！

MY WILD NEIGHBORS 11

鳥類 BIRDS

翠鳥是各地常見的野鳥之一，牠有著尖尖嘴喙的身影很好辨認。

普通翠鳥不普通

有天一個網友來訊詢問：為什麼翠鳥又叫作「普通翠鳥」？難道是有「更高級」的種類嗎？我看得啼笑皆非。這個名稱是從牠的英文名字 Common Kingfisher 直接翻譯而來的，Common 是指典型、常見的翠鳥，沒有等級之分！當然說到這裡，你一定又有疑問：普通翠鳥、魚狗、Kingfisher 都是指翠鳥的俗名嗎？沒錯，而牠又被稱為「魚狗」則與牠的覓食行為有關，是指翠鳥站立在水邊樹枝觀察水中魚兒動靜的姿勢像獵狗的蹲姿而得名。牠們由水面俯衝而下的捕魚技巧相當高明，且少有失手，入水抓魚後還能迅速飛離水面，「Kingfisher」捕魚王的稱號果然名不虛傳。

我腿比你長好不好

我明明就是大長腿

麻雀 SPARROW

翠鳥 KINGFISHER

牠的腿一點都不短

跗蹠骨

腿一點都不短

跗蹠骨

翠鳥大小和麻雀差不多，但翠鳥的比例較特別，頭部的三分之二是又長又尖的嘴巴，尾羽很短，乍看像是沒有尾巴，又因為站立時腿部只露出腳趾部分，讓人誤以為牠是小短腿，其實翠鳥的腳並不短，只是大部分藏在羽毛裡，僅露出短短的跗蹠骨而令人誤會。

12　家門外的野鄰居

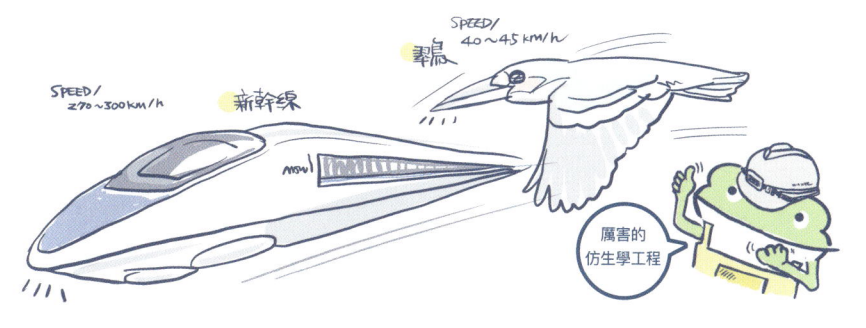

翠鳥 Common Kingfisher

因翠鳥而生的新幹線

翠鳥還幫人類解決了大難題！由於日本新幹線從東京到博多途中會穿越眾多隧道，內外壓力差總是產生震耳欲聾的響聲，乘客和沿線居民都不堪其擾，為了解決問題，一位自小熱愛鳥類觀察的工程師──中津英治從翠鳥捕魚中獲得了靈感，牠們可以從水面像箭一樣俯衝入水中捕魚，且只激起一點點水花，其修長的嘴喙與流線的身形，無疑是能減少阻力衝擊的原因（從阻力小的空氣層衝到阻力較大的水中），遂因此模仿翠鳥的嘴喙外型來打造新幹線列車，成功解決了進入隧道時造成的聲響和震動！

消失的產房

生活在水邊的翠鳥其育雛方式也很不一樣，牠們不像一般鳥類在樹上築巢，而是選擇在河岸的土堤挖出一條長長的隧道，在內部一個較大的空間來築巢繁殖後代，每次約產下五到七顆蛋，並在泥洞漆黑的環境內育雛。現今因很多的野溪河床都整治成水泥堤岸，讓翠鳥越來越難在野外找到土堤來挖洞育雛，對於牠們的繁殖造成很大的影響。

在河岸土堤上築巢的翠鳥，公鳥與母鳥會先協力挖出一條隧道深入內部。（攝影 / 吳尊賢）

MY WILD NEIGHBORS

鳥類 BIRDS

「點翠」這個殘酷的中國古代工藝是拔翠鳥的飛羽和尾羽來製作。

絢麗羽毛加工成藝品

翠鳥因其身上羽毛色如翡翠，在古代也被用來做成飾品。據記載自漢代以降，就有以「翠羽飾之」的壁上橫木、珠寶盒，甚至隨著技術進步，後期開始有首飾、扇子、屏風等工藝品，這項在中國流傳超過千年的傳統技藝為「點翠」，是將翠鳥羽毛鑲嵌在金屬表面上，尤以明朝和清朝特別興盛，翠鳥羽毛所製成的飾品在光線照射下呈現出絢麗色彩，在古代可是價值連城。「點翠」使用的鳥羽取自蒼翡翠、黑頭翡翠及普通翠鳥，但翠鳥體型那麼小，能當成點翠素材的又只限翅膀上的飛羽及尾羽，可想而知，一套美麗的首飾要犧牲多少隻翠鳥才能完成？不知道是誰發明這個作法，對翠鳥來說真是可怕的浩劫！

14　家門外的野鄰居

~偵探NOTE~

不可取的虐鳥行為

翠鳥可愛的身影的確讓很多人想對牠動歪腦筋，網路上流傳著一支影片，開頭是一隻翠鳥的嘴喙戳在樹幹上，人們走過去把牠從樹幹拔出來，並且放生，一鬆手翠鳥就飛走了，影片下面迎來超多的留言，大多是「好可憐」、「你人真好」、「真的很有愛心」，甚至還有日本藝術家看了影片設計出翠鳥圖釘……。這件事情的真偽，對怪咖動物偵探來說，是充滿疑惑的，因為翠鳥不太可能在高速衝撞樹木之後，嘴喙還能直挺挺戳進堅硬的樹幹裡，而且鳥類如果受到如此大的撞擊，通常都會昏厥甚至直接死亡。

影片中的翠鳥被拔出來之後還可以立刻飛離，這點光想就不太符合常理，根據怪咖動物偵探收集網路影片資料判斷，應該是有心人造假——先捕捉翠鳥並將牠的嘴巴插入預先鑽好的樹洞裡，而且可憐的翠鳥還「撞上」好幾種不同的樹……，如果真的是為了博取點閱率，請停止這樣的操作，網友們也不要「點讚」增加流量，這樣傷害動物的行為很不可取啊！

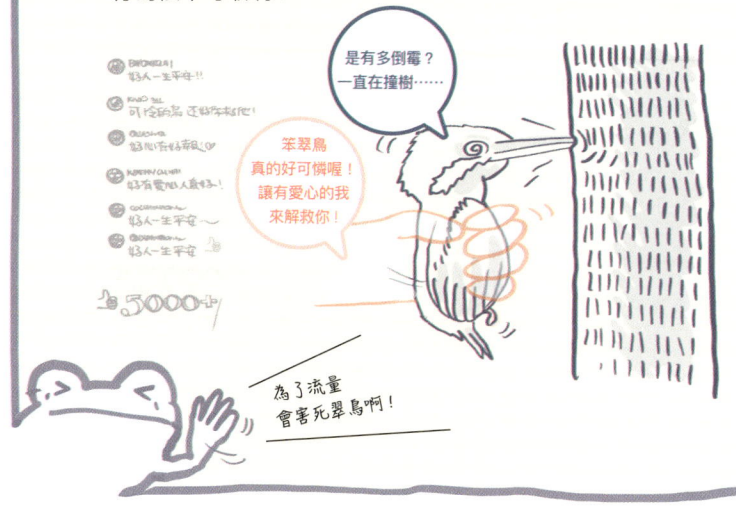

翠鳥

Common Kingfisher

MY WILD NEIGHBORS

鳥類 BIRDS

我可是常見的水雞呢!

紅冠水雞
Gallinula chloropus
Common Moorhen

紅冠水雞
@ Common Moorhen
原生種

| 分類 | 秧雞科 黑水雞屬
| 別名 | 黑水雞、水鵁鴒(台語)、烏水雞(台語)、田雞仔(台語)
| 城市出沒地點 | 城市附近的小溪、公園裡的池塘、濕地
| 大小 | 體長 30~38 cm
| 食物 | 植物種子、嫩葉、水生昆蟲、小魚及貝類等水邊生物。
| 棲息地 | 沼澤環境、河流、植被茂密的湖泊,以及城市公園中。

【輕功水上飛】

公園水池裡激起陣陣水花,

還伴隨著一連串叫聲,

原來是兩隻黑色的鳥在追逐,

這鳥莫非是有偷練輕功,

不然怎麼能在水面上奔跑?

家門外的野鄰居

紅冠水雞

Common Moorhen

前額板（硬質）

我會游泳你會嗎？

我會叫大家起床你會嗎？

公雞
雉科 原雞屬

雞冠（軟質）

名字有雞但是大不同啦！

水雞
秧雞科 黑水雞屬

特殊造型的「雞」

你知道地球上數量最多的鳥是什麼嗎？不是麻雀喔，是跟我們生活相當密切的「雞」，全球可是超過二百億隻的數量，比起約八十億人口的數量還多呢！不過這裡要跟大家介紹的雞，可不是我們熟悉的「牠」，此雞非彼雞，而是生活在城市公園水池、濕地的紅冠水雞，其體型較一般的雞小，而且會游泳。還好，這種水雞不太怕人，牠們常常離人類相當近。

紅冠水雞的身形圓胖，頭部從嘴一直延伸到前額板的鮮豔紅色是牠的招牌，感覺好像頂了一塊紅色盾牌在頭上，嘴尖端的黃色斑塊更是特別的搶眼，再加上那雙像是穿了亮黃色褲襪的腳，搭配一身黑衣的造型，令人印象深刻。

紅冠水雞鮮豔的嘴喙、前額板以及那雙亮黃色的腿，特殊造型令人十分難忘。

MY WILD NEIGHBORS　17

> 別追啦！
> 我只是路過
>
> 來我地盤
> 別想走！
>
> 有夠凶，
> 還能在水上跑！

輕功水上飄

生活在水邊的牠們，飛行並不是強項，很多時候都是靠游泳來移動，但如果仔細觀察其腳部構造，會發現牠們的腳趾間不像鴨子有蹼，沒辦法「鴨子滑水」，不過這樣的腳卻是在濕地環境活動的利器，又細又長的腳趾頭讓牠們可以輕鬆地走在飄浮於水面的植物上，如睡蓮、荷花、莕菜等浮葉，有如武俠小說裡的「凌波微步」輕功一樣，行走自如。說到這裡，我都覺得紅冠水雞是位武功高手，能在水面上快速移動，或是追打另一隻紅冠水雞，甚至在水面助跑一陣後飛起的「水上飄」武功。

高調的鳥巢

到了繁殖季，紅冠水雞會選擇在水域環境相對高處，或是浮葉植物上水淹不到的地方，以枯枝或草枝搭巢，也因為如此，所以牠們的巢非常容易觀察，有時候位置明顯到我都替牠們捏把冷汗。紅冠水雞的繁殖力超強，在繁殖季會產卵數次，每次產蛋五到八枚，因此會有育雛時期重疊的情況，牠們也是巢邊幫手制，常可觀察到上一巢孵化的亞成鳥哥哥、姊姊幫忙帶著弟弟、妹妹的有趣場景。

> 水上鳥巢
> 風景好氣氛佳，
> 外面就是
> 大自然餐廳

紅冠水雞常把巢築在水池中的較高處，可以躲避岸上的掠食者。

紅冠水雞 | Common Moorhen

爸媽也不多生點頭髮給我

怎麼才出生頭就禿了！

一身黑羽的紅冠水雞寶寶頭部毛髮稀少，乍看好像禿頭。

消失的小黑球

剛出生的紅冠水雞寶寶圓滾滾的，看起來好似一顆黑煤球，牠們很好辨認，一出生嘴喙就是紅黃色，仔細觀察，可以見到頭部稀少羽毛下的紅色皮膚，乍看好像禿頭鳥啊！

雖然紅冠水雞每次產卵育雛的數量都不少，但因寶寶的體型實在太小，非常容易遭受危險，在水中游泳時常會突然消失，因為水中的鯰魚、魚虎（䱘魚）等大型魚類都把小黑球當成食物；到了陸地上更是危機四伏，像是樹鵲、喜鵲、藍鵲、八哥、夜鷺、黑冠麻鷺等都會捕食牠們，遊蕩犬貓也是一大剋星，現實世界對紅冠水雞寶寶來說真的是危機四伏啊！

冬天才來的白冠親戚

紅冠水雞是常見的留鳥，但在秋冬季時還可以看見牠的候鳥親戚「白冠雞」（又稱為白骨頂）來台灣度冬，兩者的外型長得有點像，最大的不同是白冠雞體型較大，頭部前端的前額板為白色，腿部顏色為黃灰色，且腳趾比較膨大。下回見到牠不要以為是紅冠水雞的前額板褪色啦！

白冠雞的前額板和嘴都是白色，體型較大。

MY WILD NEIGHBORS 19

鳥類 BIRDS

苦啊～苦啊～
找伴好辛苦啊

白腹秧雞

Amaurornis phoenicurus

White-breasted Water Hen

| 白腹秧雞 ✓
@ White-breasted Water Hen
原生種

| 分類 | 秧雞科 苦惡鳥屬
| 別名 | 白胸苦惡鳥、苦雞母（台語）紅尻川仔（台語）、補鑊鳥（客語）
| 城市出沒地點 | 城市附近的小溪、公園裡的池塘、濕地
| 大小 | 體長 30~34cm
| 食物 | 主要吃昆蟲、小魚和種子
| 棲息地 | 棲息於低海拔長有蘆葦或雜草的沼澤地和灌木的高草中湖泊、灌渠和池塘邊，也生活在人類的房屋附近，人造的池塘或公園。

{ 叫聲聲聲苦 }

池塘邊傳來陣陣叫聲：

「苦啊～苦啊～苦啊～苦啊～」

到底是誰叫得這麼淒慘？

彷彿想把滿腹冤屈，

都讓全世界知道⋯⋯

20　家門外的野鄰居

白腹秧雞 White-breasted Water Hen

城市裡的水雞

城市裡常出現的另一種「雞」就是白腹秧雞，和紅冠水雞同屬於秧雞科的成員，所以牠們都是會游泳的「雞」！常看到牠們一起出現在同一片棲地裡，不過白腹秧雞比較害羞，有時會躲躲藏藏的，兩者特徵大不相同，滿容易分辨：白腹秧雞體型較瘦，牠們的腳比紅冠水雞細長，從臉部一路延伸到腹部的羽毛都是白色的，背部則是黑褐色羽毛，讓我常覺得牠是穿著襯衫、披件西裝外套的上班族。

早熟性的寶寶

白腹秧雞在繁殖期時會選擇在水域附近的灌木叢或草叢中築巢，牠們的巢都位在較隱蔽之處，很符合牠們害羞的個性。白腹秧雞及紅冠水雞的寶寶都是「早熟性雛鳥」，孵化後幾小時就能下水游泳，跟著親鳥到處跑；兩種秧雞的寶寶都是黑黑一球，但白腹秧雞寶寶從頭到尾全身都是黑色，更像《龍貓》卡通裡的黑煤球，與嘴喙為紅黃色且頭看起來有點禿頭的紅冠水雞寶寶不一樣。

有像嗎
全身都是黑色
黑煤球仔細觀察還滿好辨認的
頭部沒毛 露出紅皮膚
紅冠水雞 BABY
白腹秧雞 BABY
翅膀毛少

白腹秧雞是早熟性鳥類，雛鳥一出生就能跟著親鳥到處跑。

MY WILD NEIGHBORS 21

鳥類 BIRDS

> 苦啊~ 苦啊~苦啊~
> 補鍋！補鍋！補鍋！
>
> 人家就在苦戀咩！
> 主打一個**悲情牌**
> 你的歌聲也太苦了吧！
> 「補鍋」是在賣什麼？

辛苦的補鍋鳥

白腹秧雞常在晨昏時候鳴唱，牠的歌聲十分奇特，多變的曲調有一部分聽起來像是唱著「苦啊！苦啊！」，傳說白腹秧雞是生活很苦的人家死後變的，所以牠又被稱為「苦惡鳥」；也有人覺得牠的另一種叫聲像在說：「補鍋、補鍋……」，所以客家人又稱其為「補鑊鳥」（鑊即鍋之意）。白腹秧雞常在清晨、黃昏時活動，但都不會離隱蔽處太遠，稍有動靜驚擾會立即躲進草叢裡，有時還會採低飛方式逃逸，牠們平時行走居多，較少下水游泳。也因為陸上的棲地幾乎都被馬路切割，白腹秧雞常會衝過馬路到另一端的棲地，大幅增加被路殺的機率，希望大家在外開車可以稍加注意，讓牠們不要變成「苦」主啊。

白腹秧雞細長的雙腿和腳趾讓牠們可以在水生植物上來去自如，不會掉落水中。

白腹秧雞會用腳在泥灘裡翻攪,趕出魚蝦或蟲子,再藉機捕食。

鳥類 BIRDS

我可是本土第一帥！

冠八哥
Acridotheres cristatellus formosanus

Crested Myna

{ 本土黑幫 }

捷運站屋頂上站著一隻黑鳥，

白色嘴喙加上一簇高翹的額羽，

讓牠看起來殺氣十足，

一身黑衣的模樣，

更讓牠像是鳥界的黑幫！

冠八哥 ✓
@ Crested Myna
台灣特有亞種 保育類

ID CARD

| 分類 | 椋鳥科 八哥屬
| 別名 | 八哥、台灣八哥、加翎（台語）
| 城市出沒地點 | 棲息於靠近城市和農業區的開闊空間、車站、捷運站。
| 大小 | 體長 18~25 cm
| 食物 | 雜食性鳥類，會吃各種食物，像蚯蚓、幼蟲、穀物、水果，甚至垃圾、人類的廚餘。
| 棲息地 | 農地、公園和都市等環境。

在外來八哥環伺下，這樣本土冠八哥群聚的景象已經很少見了。

冠八哥　Crested Myna

少見稀客來訪

聽到窗外急促的叫聲，在花園裡築巢的白頭翁親鳥緊急升空站在圍牆上大叫，我偷偷拉開房間窗簾一看，原來屋簷上站著一隻大黑鳥，因為角度的關係，只能辨認出是八哥。怪咖動物偵探怎能輕易放棄，輕輕地拉開窗戶，再探出頭才發現嘴喙是白色的，往上看，額頭前方有一簇帥氣上翹的額羽，「是原生的冠八哥！」我興奮的大喊。好久沒看到原生的冠八哥，一下子動作太大把牠嚇飛了！

為什麼我那麼興奮，因為台灣原生種的冠八哥數量越來越少，快要比日本製的壓縮機還少了！要遇見牠們還真不容易。應該很多人會說：「這有什麼好大驚小怪的，八哥不是城市裡常見的野鳥嗎？」但你知道所看到的大多是外來種八哥嗎？

那一簇高翹的額羽有夠帥氣的！

愛了！愛了！！

本土的冠八哥頭部高翹的額羽，讓人忍不住多看兩眼。

MY WILD NEIGHBORS

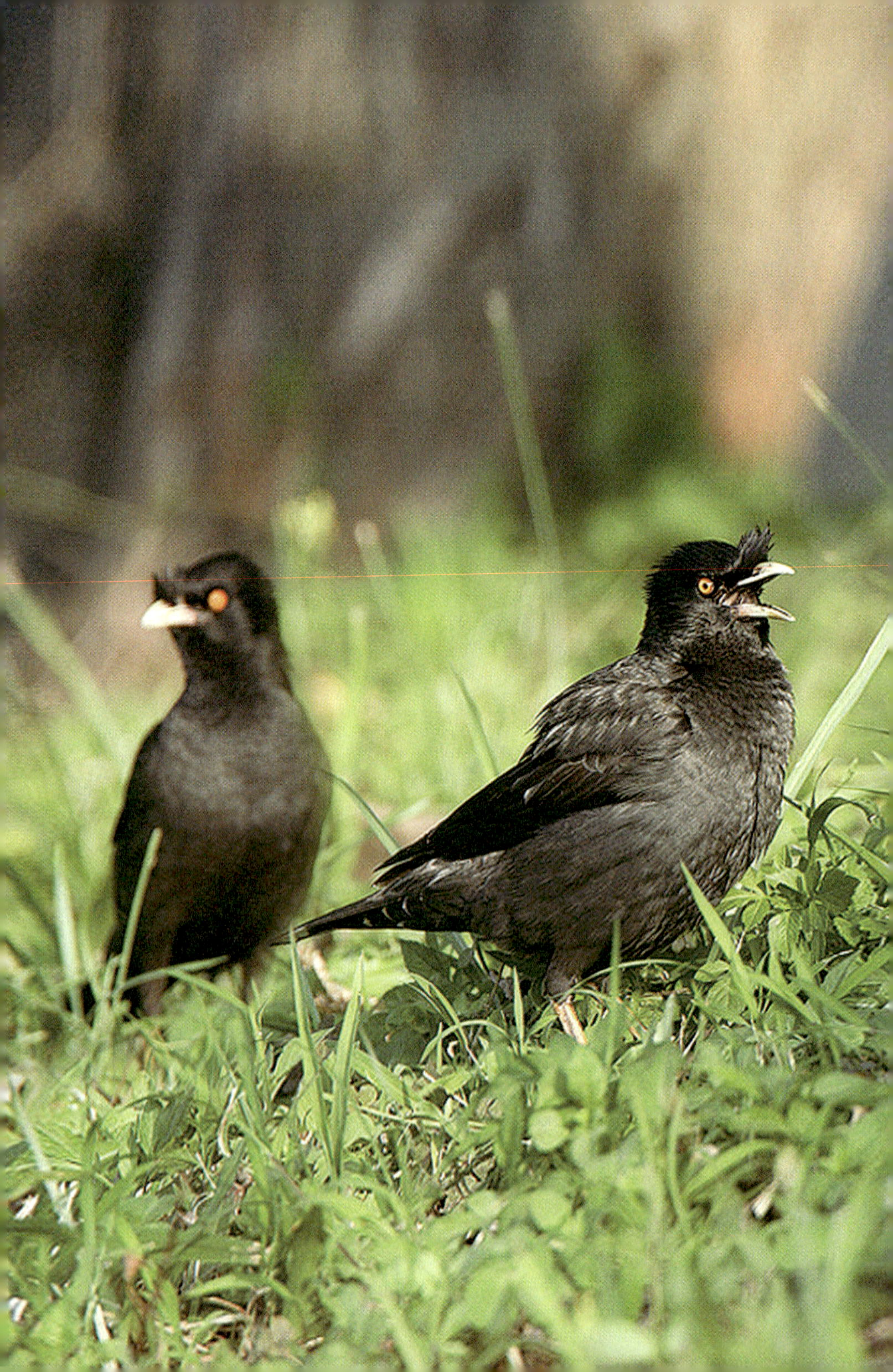

冠八哥 | Crested Myna

這樣比較不會被欺負

頭毛梳高一點會不會看起來比較「派」？

暴走極惡

大哥～帥是沒錯啦，但要不要先擔心被外來種搶地盤的問題

關於冠八哥嘴上高翹額羽的作用，到目前為止還沒有正解，而公母冠八哥都有額羽，就暫時解讀為裝飾作用吧。

抹上髮膠的暴走族

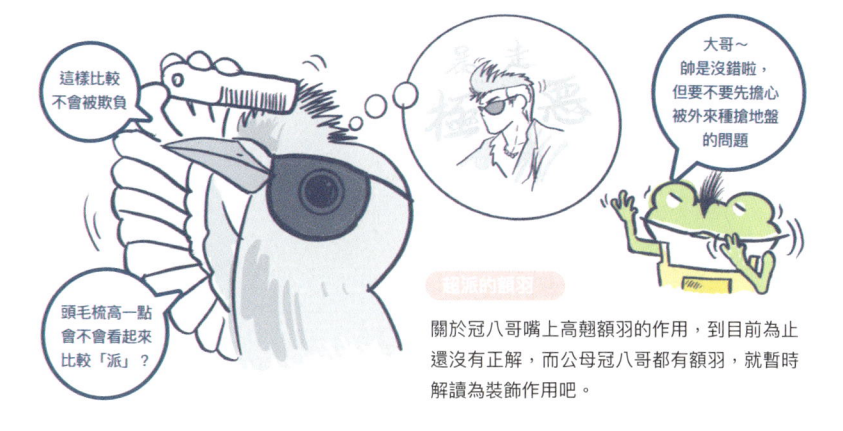

冠八哥的外型看起來相當霸氣，牠可是台灣本土的原生八哥代表，額頭那一簇高高翹起的羽毛，像是日劇裡抹上髮膠的暴走族混混，這可是牠的標準造型。不過要遇見牠們可不是那麼容易，比起其他兩種外來種八哥，冠八哥的數量少得很，且是保育類鳥類，牠們比較常出現在城市周遭河濱公園裡的開闊場域，偶爾才會在住宅區出現。根據研究，這與外來種八哥族群擴張的龐大惡勢力有關，白尾八哥、家八哥等外來勢力強搶本土八哥的地盤，為了避免生存競爭，原生的冠八哥就只能讓出棲地，退縮到外來種八哥族群比較少的地方來生活，這還真是「乞丐趕廟公」真實現況啊。

金門的冠八哥直接在展示的戰車砲管裡築巢，這算不算是最強大的防禦系統啊！

MY WILD NEIGHBORS

鳥類 BIRDS

白尾八哥

我才是有型好嗎？

Acridotheres javanicus

Javan Myna

｛外來的小混混｝

路邊的黑衣鳥不只一種，

而且嘴上一樣有一簇高翹的額羽，

聽說牠們來自東南亞，

成群結隊挾著數量優勢，

在城市裡四處插旗搶地盤。

白尾八哥 ✔
@ Javan Myna
外來種

| 分類 | 椋鳥科 八哥屬
| 別名 | 爪哇八哥、林八哥、泰國八哥
| 城市出沒地點 | 行道樹、交通號誌、校園、捷運站、車站等柏油路面和空曠地
| 大小 | 體長 18~22cm
| 食物 | 雜食性鳥類，會吃各種食物，像蚯蚓、幼蟲、穀物、水果，甚至垃圾、人類的廚餘
| 棲息地 | 常棲息於平原及丘陵的開闊地、農田、都市以及市郊的公園綠地、校園、馬路兩旁與分隔島綠地等。

28　家門外的野鄰居

容易被誤認的外來客

白尾八哥 | Javan Myna

在城市裡，有一種外來種的白尾八哥長得跟冠八哥十分相似，兩者都是一身黑，額頭都有一簇高高翹起的額羽，體型也相近，因此常讓人搞混。其實，牠們最大的外型差異是在嘴喙的顏色，白尾八哥的嘴喙是黃色的，而原生種的冠八哥則是象牙白色，不過，如果沒有近距離觀察，這種辨識方式也是有難度的，但只要記得冠八哥的尾部大部分是黑色的（末端有一點白色），而白尾八哥顧名思義尾羽末端和尾下覆羽是白色的，這樣就比較好分辨了！

白尾八哥是目前數量最多的外來種八哥，族群龐大的牠們已經壓迫到台灣本土冠八哥的生存。牠們原棲於南亞的爪哇與峇里島，所以又名「爪哇八哥」，在原產地因為寵物鳥的商業需求，而遭到大量獵捕販賣，嚴重衝擊原生族群，我們很難想像：在台灣隨處可見的白尾八哥在自己的故鄉卻是瀕危鳥類。

白尾八哥頭部也有額羽，但似乎沒有本土冠八哥高挺突出。

白尾八哥也有高高額羽也算帥啦！

不過我還是覺得冠八哥老大比較帥！

MY WILD NEIGHBORS　29

鳥類 BIRDS

不挑食的白尾八哥什麼都吃，馬路邊果實成熟的茄苳樹也能見到牠們造訪。

什麼都吃的鳥

白尾八哥的體型比白頭翁大一些，如同黑幫兄弟，常成群結隊行動，每群八哥都有各自的地盤，其排外的領域性，也讓其他小型鳥不敢靠近。雜食性的牠們葷素不忌，除了果實、種子、昆蟲或是小型爬行動物外，連其他鳥類的鳥蛋、雛鳥、甚至是動物腐敗的屍體都吃，也難怪牠們到哪裡都可以安身立命。

打群架的小混混

白尾八哥的脾氣似乎不太好，喜歡拉幫結派群聚的牠們也常常起衝突，曾經在路邊看到一群白尾八哥無視附近人來人往，圍成一圈，中間有兩隻八哥大打出腳（牠們沒有手啦），其中一隻還用身體把對方壓制在地上，而外圍正在觀看這場打鬥的白尾八哥，還不時加入戰局補上一腳，十足就像黑幫古惑仔電影裡的爭鬥場景，讓當時在現場的我看得目瞪口呆，小小八哥還是很凶狠的！

老大腳下留情別弄出鳥命！

別打了

我今天一定要好好教訓他

躺細～

活該，誰叫你搶食物

喂～！我要報案

30　家門外的野鄰居

住在交通號誌鋁管裡

白尾八哥｜Javan Myna

外來種的白尾八哥為什麼容易在其他國家落地生根呢？這與其喜歡開闊的習性有關。當一處土地被人類開發、砍伐森林之後，往往牠們是最先進駐的鳥類，野外八哥是利用樹洞、岩縫等縫隙來築巢繁衍，近年來城市八哥找到更好的住宿點——馬路上交通號誌使用的銀色鋁管，只要繁殖季一到，就可以見到牠們在紅綠燈上忙來忙去，有的叼著巢材，有的還咬著食物，然後以飛快的速度鑽入支撐號誌的鋁管開口中，這不但是現成的巢穴，甚至還有研究人員發現，這些鋁管在太陽曝晒下，內部空間就像是恆溫的孵蛋器，還能幫親鳥節省孵蛋的時間，也難怪這些外來種八哥們可以「生生不息」。

鋁管也是牠們的瞭望台，可以登高望遠。

不過這樣的繁殖方式也威脅到了同樣利用各種孔隙築巢的麻雀，雖然沒有研究證明，但我可是曾親眼見到八哥把麻雀放置的巢材抽出來，再換上自己的，然後強行入住的情況。

築巢中的白尾八哥正叼著巢材在號誌鋁管裡飛進飛出。（攝影／吳尊賢）

MY WILD NEIGHBORS　31

鳥類 BIRDS

> 我喜歡在路上走
> 誰也別攔我！

家八哥

Acridotheres tristis

Common Myna

｛台灣不是我的家｝

常常看到走路搖搖晃晃的牠們
在高速公路的路肩行走覓食，
感覺一點都不怕急駛而過的汽車，
牠們就是有本事在這裡生活，
雖然名字有個「家」字，
但牠的家原本並不在這裡。

家八哥 ✓
@ Common Myna
外來種

分類	椋鳥科 八哥屬
別名	眼鏡八哥、加翎（台語）
城市出沒地點	行道樹、交通號誌、校園、捷運站、車站等柏油路面和空曠地
大小	體長 24~26cm
食物	雜食性鳥類，會吃各種食物，像蚯蚓、幼蟲、穀物、水果，甚至垃圾、人類的廚餘。
棲息地	常棲息於平原及丘陵的開闊地、農田、都市以及市郊的公園綠地、校園、馬路兩旁與分隔島綠地等。

32　家門外的野鄰居

家八哥 | Common Myna

戴著黃色眼罩 這裡不是我的家

城市裡另一種族群數量很多的外來種八哥——家八哥，也常常讓人分不清楚誰是誰，畢竟都是同一個家族，雖然和白尾八哥一樣嘴喙為黃色，不過家八哥的眼睛後方有一塊三角形亮黃色的裸皮，讓牠們看起來好像戴了一個黃色眼罩，另外身上羽色有三分之二為咖啡色，因此不難分辨兩者的不同。

家八哥，名字雖然有個「家」字，但台灣可不是牠本來的家，原產於南亞和中亞，同樣也是因為寵物鳥的需求，被綁架到台灣，除了是「逃獄」的籠中逸鳥，宗教的不當放生也造就了族群壯大，幾十年過去，這裡也真的變成牠們的家了。適應力、繁殖力極強的家八哥真如其名，四處為家、到處畫地盤的結果，就是被多國認定為入侵物種，甚至列入世界百大入侵種之一。

為什麼覺得這個裝扮有點像忍者龜？！

家八哥的黃色裸眼皮好像戴了一副帥氣的眼罩。

MY WILD NEIGHBORS

鳥類 BIRDS

> Gu~Gu~Gu~
> 歡迎光臨~
> HELLO~
> 企逃花駛！

> 為了追女友我什麼話都講得出來

> 反正牠不管說什麼，都是「我愛你」的意思

聲音模仿高手

早期八哥之所以受到人們喜愛，都是因為「歌聲」所致，尤其牠們的模仿能力強，可以模仿人類說話，也因此成為鳥類市場的寵兒。其實仔細觀察野外的八哥，可發現牠們的叫聲非常多樣，可高可低，時而婉轉、時而嘹亮，連我這怪咖動物偵探都常被考倒，因為牠們不但有自己的叫聲，還會模仿其他鳥叫，甚至是號誌聲、警報聲、歌聲等人造聲響。不過八哥學這些聲音甚至模仿人說話，都不是因為好玩或要討好，而是為了增加自己聲音的豐富度，用與其他八哥不同的聲音來讓自己在眾多追求者中勝出，得到母鳥的青睞，獲取傳宗接代的機會。

所以當你看到網路上那些八哥鳥學人說話的影片時，不用太自作多情，牠們沒有要和你聊天，人類的話語對牠們來說只是一個特別的音調而已，沒有別的意義啦！

家八哥叼著樹葉當巢材布置洞穴巢。

群聚造成困擾

八哥群聚的行為也在各地造成困擾，像基隆城際轉運站旁的金屬頂棚，每天聚集了幾百隻的家八哥，一到傍晚牠們都會回到這裡夜棲，還不忘跟左右鄰居寒暄幾句，幾百隻家八哥你一言、我一語，聊起來不但噪音驚人，前往搭車的旅客還得小心從天而降的「黃金」，令管理人員頭痛不已。

群聚的家八哥受到驚嚇飛起。

家八哥 | Common Myna

三種八哥比一比

台灣常見三種八哥乍看之下都長得差不多，怪咖動物偵探來教大家如何辨別吧！台灣原生種的「冠八哥」全身羽色黑，最大特徵是嘴喙為象牙白色，額頭前方的羽簇高翹顯眼，眼睛虹膜為黃色，尾羽末端有一點白色；外來種的「白尾八哥」全身羽色黑色，額頭前方也有羽簇但沒有冠八哥那麼高翹，其辨識特徵是：嘴喙黃色，眼睛虹膜為黃色，尾羽末端尾下覆羽為明顯白色；外來種「家八哥」頭部黑色，身體為咖啡色，嘴喙為黃色，最大差異是在眼睛周遭裸皮為黃色，眼睛虹膜為藍灰色。記住以上這些特點，就不會認錯！

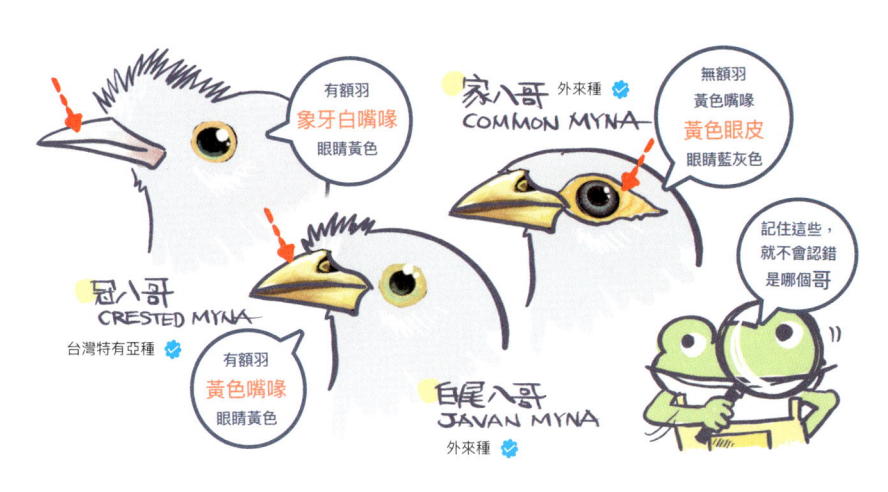

冠八哥 CRESTED MYNA
台灣特有亞種
有額羽
象牙白嘴喙
眼睛黃色

家八哥 COMMON MYNA
外來種
無額羽
黃色嘴喙
黃色眼皮
眼睛藍灰色

白尾八哥 JAVAN MYNA
外來種
有額羽
黃色嘴喙
眼睛黃色

記住這些，就不會認錯是哪個哥

MY WILD NEIGHBORS 35

鳥類 BIRDS

我的紅眼睛看起來很「派」喔!

亞洲輝椋鳥

Aplonis panayensis

Asian Glossy Starling

亞洲輝椋鳥 ✓
@ Asian Glossy Starling
外來種

| 分類 | 椋鳥科 椋鳥屬
| 別名 | 菲律賓椋鳥、輝椋鳥
| 城市出沒地點 | 行道樹、公園綠地、校園、交通號誌、橋梁空隙等
| 大小 | 體長 24~26cm
| 食物 | 多在樹上活動,食性以果實為主,偶爾亦食用花蜜、昆蟲或雛鳥。
| 棲息地 | 棲息於海拔 700 公尺以下森林農耕地、城鎮,熱帶或亞熱帶低海拔森林、紅樹林、人類活動之市區、果園。

{ 紅眼煞星 }

朋友帶著驚悚的口吻說:

「我看到好幾隻黑得發亮的鳥,而且牠們的眼睛是血紅色的,模樣有點邪惡!」

光聽這個描述就知道,他一定是遇上了亞洲輝椋鳥。

36　家門外的野鄰居

亞洲輝椋鳥 | Asian Glossy Starling

說明角色對話：
- 冠八哥 CRESTED MYNA：明明我們兩個比較像
- 白尾八哥 JAVAN MYNA：我也是哥
- 家八哥 COMMON MYNA：椋鳥科 八哥屬 We are family
- 黑領椋鳥 BLACK-COLLARED STARLIN：哥什麼哥 我們椋椋
- 亞洲輝椋鳥 ASIA GLOSSY STARLIN：名字繞口令

椋鳥科 椋鳥屬

椋鳥黑幫家族

八哥幫在城市的勢力龐大，可說已經所向無敵獨霸一方，但還有另一個在城市裡不容小覷的「黑暗勢力」，則是椋鳥幫。椋鳥和八哥在分類上同屬椋鳥科，八哥是椋鳥科八哥屬，椋鳥是椋鳥科椋鳥屬，牠們都可以算得上是親戚，雖然這些家族關係說起來像是繞口令，但不管怎麼說，牠們既然是親戚，行為當然也有相似之處。

台灣並沒有原生的椋鳥，但現在卻到處都看得到椋鳥的身影。亞洲輝椋鳥和八哥一樣，也是因為叫聲多變化，而被當成寵物鳥引入台灣，早在 1978 年，就有疑似逃逸野外的觀察紀錄；1990 年左右有穩定繁殖的紀錄，族群數量就這樣逐年暴增四五百倍以上，目前分布已經相當廣泛了。

亞洲輝椋鳥的紅眼睛看起來很嚇人

亞洲輝椋鳥像是一群外來的黑衣怪客，現在在城市裡隨處可見。

MY WILD NEIGHBORS

有彩色光澤的黑衣部隊

亞洲輝椋鳥又稱菲律賓椋鳥,我都稱牠們為「菲律賓仔」,雖然體型沒有八哥大,但光是看牠們像穿了緊身亮面皮衣、兩眼血色宛如電影裡殺手的造型,就讓人不寒而慄。不過如果一身黑的亞洲輝椋鳥來到陽光下,身上黑色的羽毛會隨著光線折射,變成藍色、綠色甚至棕色,這是很多黑色鳥類都有的結構色變化,不但色彩豐富甚至身上的羽毛會呈現絲滑的亮面,也難怪很多人對牠的形態及羽色描述都有所不同。

另外在亞洲輝椋鳥群之中,還會參雜著一些身體灰白色、腹部白色有直條紋的個體,也常被誤認是另外一種鳥,其實牠們是亞洲輝椋鳥的亞成鳥。

亞洲輝椋鳥的亞成鳥身上有條紋斑紋。

亞洲輝椋鳥幾乎不會下到地面,大多都在樹上尋找果實為食。

亞洲輝椋鳥 | Asian Glossy Starling

城市裡的亞洲輝椋鳥常常和白尾八哥搶奪號誌牌鋁管的使用權。

黑衣部隊的落腳處

雖然牠們的體型跟白頭翁差不多，也沒有八哥那麼大，但黑衣部隊一出動還是聲勢頗浩大，像一群小混混出巡，這裡跳跳那裡啄啄，但牠們幾乎都在樹上，很少像八哥會下到地面走動，小型鳥類看到也都會離得遠遠的。專挑城市落腳的亞洲輝椋鳥，屋簷、建築物的縫隙上，都能看到其身影，而牠們既然是八哥的親戚，八哥喜歡的號誌牌鋁管，自然也是牠們偏愛的住宅，不過牠們會離八哥遠遠的，以避免衝突，畢竟兩者體型差距不少。

輝椋鳥身型小也有好處，雖然不一定可以搶到鋁管來築巢，有些就直接在招牌金屬字的縫隙育雛，下次經過有這種招牌的地方，可以觀察看看有沒有草枝從字背後的縫隙露出來，如果有，那可能就是輝椋鳥的傑作了。不過，同住在城市裡的麻雀還真是個冤大頭，除了打不過八哥黑幫以外，連強勢外來種輝椋鳥都要來搶繁殖的巢穴。

真是會利用「公共財產」

還真是會挑地方住啊！這縫隙超小的

巢材一直掉算不算是種「漏材」

這是我的「豪宅」

飛來橫財

MY WILD NEIGHBORS 39

鳥類
BIRDS

「台中」
比較好停

我昨天在
「高雄」
沒睡好

「台南」
比較好搶

太晚去
會沒位置

這數量
也太多了吧！

越危險的地方越安全

我第一次看到亞洲輝椋鳥是在 2000 年某個傍晚，我從台北車站舊西站準備搭車前往桃園機場，車站外側傳來陣陣陌生的鳥叫聲，我走到站外抬頭一看，寫著往台中、彰化、埔里、南投、西螺……的站名招牌上方，每一根燈柱上都站滿了黑色的鳥，彷彿牠們也在按照目的地排隊準備搭車，由於天色昏暗，當下無法看清牠們是誰，只知道都是黑色的鳥，但是數量真的很驚人。

怪咖動物偵探特別選了一天下午到車站外觀察，才發現那群數量驚人的鳥原來是亞洲輝椋鳥，不管什麼時候看都是黑鴉鴉一片，尤其那雙紅通通的眼睛，真的很像恐怖電影裡的反派角色。你一定好奇這群怪客為什麼會選在台北車站落腳，而且把如此吵雜的地點當作夜棲點？根據我的觀察，勢力龐大的牠們在這裡幾乎沒有天敵，猛禽不敢靠近人潮眾多的市中心，而來來去去的人們根本無視其存在，所以才能旁若無人地在這裡持續擴張勢力範圍。

夜棲在路燈下的亞洲輝椋鳥。

40　家門外的野鄰居

亞洲輝椋鳥 | Asian Glossy Starling

機會主義覓食者

亞洲輝椋鳥經常群體行動，看起來聲勢浩大，很多原生鳥都不敢惹這些黑衣混混。牠們的食物多以各種果實為主，偶爾會捕食昆蟲，不過我家頂樓花園就曾發生白頭翁在育雛中，因為親鳥離開鳥巢去找食物，馬上飛來好幾隻輝椋鳥，並跳入白頭翁的巢裡，我察覺不對勁開門出去，看到輝椋鳥嘴上叼著東西飛走，趕緊前去查看，發現巢裡本來有三隻雛鳥只剩下二隻……。或許可以說輝椋鳥也是機會主義的覓食者，遇到什麼就吃什麼吧！

在台南就有網友拍攝到一群近百隻的輝椋鳥搶食「愛心人士」放置路邊餵食流浪貓狗的飼料，看到這個照片實在讓我坐立難安，因為這樣不應該的餵食行為又助長了外來種亞洲輝椋鳥的聚集，除了鳥糞與噪音的汙染之外，還有傳播傳染病的疑慮，更是嚴重危害到本土原生鳥類的生存空間。

在菲律賓不常見

我第一次到菲律賓宿霧時，就好奇原生棲息地的「菲律賓仔」長得什麼樣子？結果依照我在台灣的觀察經驗，在街上的屋角、屋頂縫隙、交通號誌上……四處搜尋，都沒有看到其身影，找了好久，才看到兩隻輝椋鳥站在棕櫚樹上，我一走到樹下，牠們就受驚嚇飛走了，與其移民台灣不怕人的同胞，完全不能混為一談。我問了當地人才驚覺亞洲輝椋鳥在這裡似乎並不常見，明明是叫「菲律賓椋鳥」，原產地卻比我家還難見到啊！

不怕人、不挑吃、哪裡都可以住……這真是超級強大的外來入侵生物

鳥類 BIRDS

黑領椋鳥

Gracupica nigricollis

Black-collared Starling

我是我們家族最吵的！

烏領椋鳥 ✓
@ Black-collared Starling
外來種

| 分類 | 椋鳥科 椋鳥屬
| 別名 | 烏領椋鳥、黑脖八哥、白頭椋鳥
| 城市出沒地點 | 行道樹、公園綠地、校園、交通分隔島等空曠地
| 大小 | 體長 24~26cm
| 食物 | 雜食性，以地面的昆蟲、蚯蚓、蝸牛、草籽、穀物、果實等為食。多在地面走動覓食，偶爾在樹上取食果實。
| 棲息地 | 在草原、乾燥森林、耕地和人類居住區，主要出現在低海拔地區，但也曾在海拔 2000 公尺被發現。

{ 斯文的白衣書生 }

馬路上出現了一種白色的鳥，
常常兩三隻聚在一起，
在人行道上漫步覓食，
戴著黃色的眼罩狀似斯文的牠，
沒想到也是入侵的外來客。

42　家門外的野鄰居

斯文造型的外來客

我們的城市裡還有另一種數量越來越多的外來椋鳥，和前面介紹的冠八哥、白尾八哥、家八哥都是椋鳥科的家族成員，但其衣著和那些黑衣部隊不同，走的是白衣書生路線，那就是「黑領椋鳥」，又稱為「烏領椋鳥」。

牠的體型大小跟八哥相似，身體是白色的羽毛搭配褐色翅膀，在眼睛周遭有著像是戴了眼罩的黃色裸皮，脖子上的一圈黑色羽毛，整體看起來猶如穿著白襯衫搭配西裝外套、頸上還圍了黑色圍巾──這個造型如果以人類的眼光來看，還頗帥氣斯文呢。

> 好像穿著西裝！真的是椋鳥家族裡的顏值擔當！

黑領椋鳥 Black-collared Starling

黑領椋鳥在草地中發現好幾隻毛蟲，索性連草一起叼走。

MY WILD NEIGHBORS　43

鳥類 BIRDS

在奇怪的高處築巢

黑領椋鳥原本分布在中國華南地區與中南半島，同樣因寵物鳥的需求而被引進台灣，大家飼養牠多半是被其悅耳的鳴叫聲所吸引，沒料到黑領椋鳥的歌聲實在太嘹亮，讓很多飼主不堪其擾，引發了棄養潮，就這樣，野外開始出現黑領椋鳥的繁殖族群，而且從市中心一直到市郊都能棲息。與八哥、亞洲輝椋鳥不同的是——黑領椋鳥是在樹上或高處築巢繁殖，不但不需和親戚們爭奪人造空間巢位，牠還會選超奇怪的地方築巢。

我曾經因為塞車被堵在台北往基隆交通繁忙的七堵大橋前，看到紅綠燈頂上竟然有個大鳥巢，於是我便將車子停靠到路邊，下車觀察，黃燈正上方就是黑領椋鳥的巢，兩隻親鳥飛進飛出叼著食物餵養雛鳥，那天太陽超大，把我的臉都晒紅了，真不知黑領椋鳥為什麼會選擇在這樣的地方築巢育雛？

黑領椋鳥竟然築巢在馬路中樞的紅綠燈上。

黑領椋鳥的雛鳥直接曝晒在烈日下，這個巢真的很特別。

44　家門外的野鄰居

~偵探NOTE~

「愛心餵食」是害不是愛

這些外來的八哥科成員都在台灣各大城市裡拉幫結派占地盤，不但嚴重擠壓原生鳥類的生存空間，連本土的冠八哥都越來越少見，儼然成為外來種鳥類的天堂。這些外來分子不但不受天敵威脅，還有源源不絕的食物，常有「愛心」民眾會帶著穀物、米、麵包、餅乾、饅頭等到公園來餵食，這些自認有趣或有愛的餵食舉動，除了讓城市裡的鴿子數量暴增，也助長了外來種八哥和椋鳥的擴張，甚至許多「好心人」在戶外定點餵養流浪貓狗放置的食物，也都成了雜食性外來種八哥及椋鳥的免費大餐。

很多人的初心只是因為不捨動物在外遊蕩覓食困難，但殊不知，所謂「愛心餵食」的背後造成了多少問題，不僅讓外來種鳥類大量繁殖，威脅到本土鳥類的生存空間；餵食在外遊蕩的犬貓亦會讓本土動物與鳥類受到危害，所以千萬別濫用愛心在路邊放置食物，你的小小餵食行為有可能是引發生態失衡的導火線啊！

吃就對了！

誰這麼好心我每天都要來報到！

是白吃的午餐還是白痴的午餐

你以為的「愛心」是讓原生動物傷心啊！

鳥類 BIRDS

家八哥
外來種　Acridotheres tristis
Common Myna

- 虹膜藍灰色
- 黃色裸皮
- 頭部至胸部為黑色
- 腳黃色

冠八哥
台灣特有種
Acridotheres cristatellus formosanus
Crested Myna

- 高翹的額羽
- 虹膜黃色
- 全身黑色
- 嘴喙象牙白色
- 腳黃色

白尾八哥
外來種　Acridotheres javanicus
Javan Myan

- 高翹的額羽
- 虹膜黃色
- 嘴喙黃色
- 全身黑色
- 腳黃色
- 白色尾羽末端尾下覆羽白色

城市常見 椋鳥家族

Common Urban Myna & Starling

血紅色眼睛

身體黑色並有光澤

亞洲輝椋鳥
Aplonis panayensis 外來種
Asian Glossy Starlin

腳灰色

黃色裸皮

一圈黑色羽毛

腹部白色

黑領椋鳥
外來種
Gracupica nigricollis
Black-collared Starling

腳灰色

MY WILD NEIGHBORS 47

鳥類 BIRDS

綠繡眼
Swinhoe's white-eyes
Zosterops japonicus

> 我可是城市裡最嬌小的小可愛！

綠繡眼 ✓
@ Swinhoe's White-eyes
留鳥

分類	繡眼科 繡眼屬
別名	斯氏繡眼、暗綠繡眼、青笛仔
城市出沒地點	行道樹、公園綠地、校園、住家花園等

大小	體長 10~12cm
食物	雜食性，以昆蟲為主食，亦會吃花蜜、花粉、果實等。
棲息地	為平地至低海拔山區到處皆可見到。

{ 嬌小的青笛子 }

「迪～迪～迪～～」

聽到樹上傳來清脆的叫聲，

就知道一定是綠繡眼來造訪，

但在樹叢裡的牠彷彿有隱身術，

常常只聞其聲不見其蹤！

48　家門外的野鄰居

綠繡眼 | Swinhoe's White-eyes

綠繡眼的眼睛好像用繡線繡了一圈白色，十分可愛。

吹笛子的小鳥

每次只要聽到「迪～迪～迪」叫聲，我就知道是綠繡眼來了，不過我真的很討厭在樹上尋找牠們，因為個子超小的牠們根本讓人「繡眼、葉子～傻傻分不清楚」！

綠繡眼清澈美妙的叫聲很好聽，所以也被稱為「青笛仔」，不知道這個名字是誰取的？但我覺得比任何一種笛子的聲音更加清脆悅耳！不過好聽的叫聲卻讓牠們難逃「牢獄之災」，被人們從野外抓來，為他們歌唱。每次我看到被關在籠子裡的綠繡眼，都不禁想：到底牠們唱的是歌聲，還是拚命喊救命呢？

註：綠鳩的歌聲很不悅耳，故被稱為「破笛子」
詳情請見《怪咖動物偵探1：你家就是我家》綠鳩篇。

MY WILD NEIGHBORS　49

愛訪花的小鳥

綠繡眼是雜食性的鳥類，體型嬌小的牠們常常在樹叢中穿梭，捕食各種小型昆蟲，而花蜜也是綠繡眼的最愛，只要有盛開的花朵，幾乎都能看到綠繡眼造訪，每一次探頭到花朵裡大快朵頤，也同時為花兒進行授粉。所以春天繁花盛開的季節，也是觀察綠繡眼覓食的好時機。且別小看牠們，為了吃花蜜，牠們可是相當聰明的，有次我見到植物園裡的珊瑚刺桐花掉了一地，撿起每一朵細長的花，都看到花萼與花瓣連接處有一個小洞，我很好奇這洞是如何形成的，直到看到綠繡眼來到樹上，用牠尖尖的小嘴戳入珊瑚刺桐的花裡吸食花蜜，我才恍然大悟，原來這是牠的傑作啊！牠短小的嘴無法深入細長的花底部，竟然想到直接在花朵的基部打洞，這樣就能吸到花蜜了！

珊瑚刺桐

跟喝珍奶一樣用吸管戳進去高招啊！

綠繡眼喜歡喝花蜜，在覓食過程也順帶幫花朵授粉。

小嘴織出精緻鳥巢

綠繡眼是城市裡最嬌小的鳥類，牠們小小的嘴，猶如小鑷子一般靈活，你如果看過牠們的巢，就會知道我為何這樣說了！比起隨性雜亂的麻雀巢和粗獷的白頭翁巢，綠繡眼的巢可以說是巢中精品，牠們用乾草細心編織鳥巢，並找來蜘蛛絲補強與樹枝連結的部分，我都懷疑牠是不是有強迫症？因為牠們的巢永遠都是乾淨整齊的。

綠繡眼的巢嬌小玲瓏，外圍還用蜘蛛絲補強。

詭異的餵食事件

綠繡眼在育雛時很容易受到其他動物的攻擊，雛鳥被其他鳥吃掉也時有所聞，但在高雄衛武營都會公園卻發生了一件令人匪夷所思的事件，有隻白頭翁趁著育雛中的綠繡眼親鳥離開時，來到巢前餵食巢裡的三隻雛鳥，親鳥發現之後，回來強力驅趕白頭翁，但白頭翁竟然不屈不撓，只要綠繡眼一外出覓食，牠就帶著食物過來餵食，這詭異的餵食行為就這樣持續數天，結果這一巢雛鳥就在親鳥以及白頭翁怪鄰居的照料下，有一隻幼鳥成功離巢，其他兩隻雛鳥不明原因消失，最後鳥巢也掉落到地面……。這超展開的「劇情」，是怪咖動物偵探至今未解的謎！

> 是餵夠沒？小孩都要離巢了歸剛欸～

> 孩子趕快吃才能飛高高

> ……

> 欸！要確捏！你從第一集餵到第二集還在餵，是有多愛餵？

鳥類 BIRDS

喜歡我的歌聲嗎?

五色鳥

Psilopogon nuchalis

Taiwan Barbet

{ 低調奢華造型師 }

很常有人詢問：

「五色鳥身上有哪五色？」

若不仔細看大多只會看到綠色，

紅、黃、藍、黑色都集中在頭部，

那是牠低調奢華的造型！

五色鳥 ✓
@ Taiwan Barbet
台灣特有種

分類	鬚鴷科 擬啄木屬
別名	台灣擬啄木，花仔和尚（台語）
城市出沒地點	行道樹、公園綠地、校園

大小	體長 20~22cm
食物	以果實為主，育雛時會捕獵昆蟲餵食雛鳥
棲息地	於低海拔至中低海拔地區的闊葉林樹冠層及其他次生林中。

52　家門外的野鄰居

造型出眾的花和尚

如果要在城市裡挑選一種我所見過色彩最特殊的鳥類，那麼非五色鳥莫屬。有小朋友問我：「五色鳥明明一身綠，哪來五色？」我說這是你不懂的「低調奢華」，因為以綠色為主，是牠的保命符，讓五色鳥可以放心的藏身在綠葉之間，和掠食者玩躲貓貓的遊戲，而牠頭部的超炫彩妝，加上脖子的紅色圍巾搭配著綠色大衣，紅配綠……嗯，也是美麗啦！這樣的配色可以說相當大膽，所以五色鳥是個超級「悶騷」的怪咖。

每到春夏的繁殖季，這個很會配色的怪咖，一大清早就會站在樹上「嘓～嘓～嘓～嘓～」地大唱情歌，牠那「嘓～嘓～嘓～嘓～」的連續歌聲好似和尚在敲木魚做早課，所以一身華麗衣服的五色鳥又有「花和尚」的稱號。

全身綠的五色鳥，身上最鮮豔的紅、黃、藍、黑色四色羽毛都集中在頭部。

五色鳥親鳥在巢穴洞口引誘即將離巢的雛鳥探出頭來接受餵食。

五色鳥 | Taiwan Barbet

五色鳥在挖洞時，會用嘴喙銜住木屑，並往後甩出。

厲害的打洞機

有一次走在公園裡，突然感覺被東西打到，我生氣地四處張望，卻沒有看到是誰亂丟東西。伸手摸摸頭髮，還卡著幾片細小的木屑，地上也有大小不一的短木屑，我直覺地往樹上搜尋，果然找到一隻正在樹幹上挖洞築巢的五色鳥，「築巢？怎麼會有木屑？那是在做裝潢吧？」你一定跟我一樣好奇。

這個怪咖不像其他鳥類是用樹枝交織築成一個鳥巢，而是在枯木上鑿洞，往下挖出一條隧道，下方連接著一個袋狀的育雛空間。對！五色鳥是用嘴巴一鏟一鏟的在枯樹幹上鑿出樹洞，又被稱為「擬啄木」，牠們是厲害的打洞機，鑿出來的洞又圓又深，你問我牠會不會頭暈？老實說我也不知道，其實我也懷疑五色鳥有沒有腦震盪？不過根據我的觀察，是沒遇過牠們因為挖洞築巢掉下樹來的。

五色鳥的繁殖樹洞會有一條僅容得下一隻鳥通過的長隧道。

MY WILD NEIGHBORS 55

最愛吃榕果

每年春天是五色鳥最喜歡的雀榕結果期，只要果實一成熟，牠們一定會到榕果餐廳報到，大快朵頤，因為嘴部構造不同，所以牠們沒辦法像綠繡眼一樣吸花蜜，但五色鳥有時也會啄食花瓣，成鳥食物幾乎以植物的果實果腹，但在育雛時期親鳥給寶寶的食物大多是昆蟲，尤其以蚱蜢、蝗蟲、蟋蟀、螽斯為主。

五色鳥平時都以植物為主食，在育雛時會捕捉昆蟲給雛鳥吃。

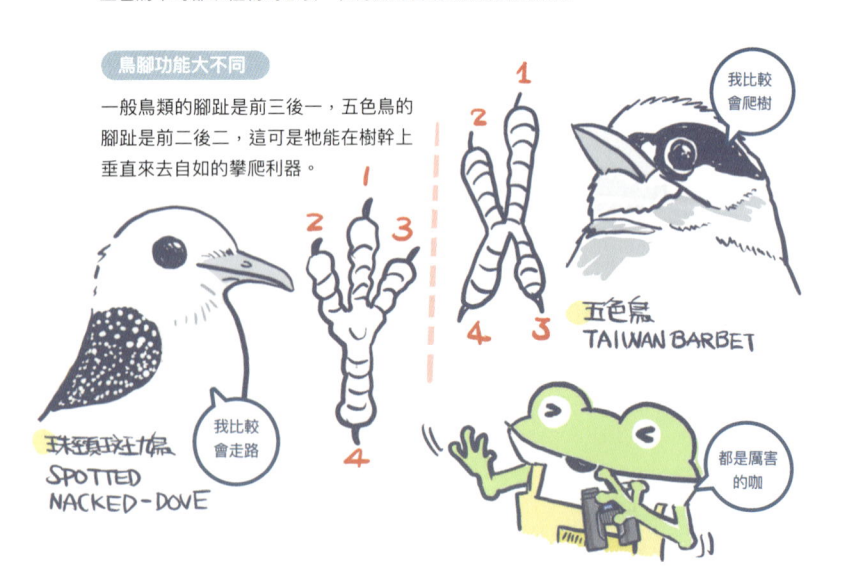

鳥腳功能大不同

一般鳥類的腳趾是前三後一，五色鳥的腳趾是前二後二，這可是牠能在樹幹上垂直來去自如的攀爬利器。

珠頸斑鳩 SPOTTED NACKED-DOVE ── 我比較會走路

五色鳥 TAIWAN BARBET ── 我比較會爬樹

都是厲害的咖

~偵探NOTE~

「窗殺」第一名的苦主

根據研究，歷年因為誤撞窗戶死亡的「窗殺」案例裡，五色鳥是高居第一名的苦主。玻璃窗一直是人類建築慣用的材料，而整片的玻璃帷幕更是現代建築的常態，但是明亮乾淨的鏡面窗戶會有鏡相反射的問題，當玻璃反射戶外窗戶的景致時，鳥類無法分辨這個假象，就直直飛過去，在高速衝擊下造成鳥兒死亡。據統計，因窗殺而死亡的鳥都是相對健壯的族群，也被稱作「精英淘汰」，這對鳥類族群的生存是一大隱憂，為了改善這個問題，過去猛禽研究會曾經推廣在發生窗殺的玻璃上貼猛禽圖樣的貼紙，可讓鳥閃躲而達到防止窗殺，但後來研究發現只貼少許的猛禽貼紙效果並不顯著，必須在玻璃外側運用較密集的圖案布置或特別的設計才能有效預防窗殺。其實只要多用點心思，就能讓野鳥窗殺死亡的風險降到最低。

台北動物園捷運站的防窗殺設計。

窗殺死亡的五色鳥連可以鑿穿木頭的嘴喙都斷裂，可見撞擊力道有多大。(標本提供／何恩宇)

感覺好痛啊！

MY WILD NEIGHBORS

五色鳥 | Taiwan Barbet

鳥類 BIRDS

鳳頭蒼鷹

Accipiter trivirgatus Formosa

Crested Goshawk

為什麼小鳥都討厭我？

{ 城市空中小霸王 }

馬路上的中央分隔島，

樹叢之間飛出了一隻鳥，

看牠飛行的姿態是鷹，

那叢白亮的尾下覆羽，

透露出牠是城市小霸王的身分。

鳳頭蒼鷹 ✓
@ Crested Goshawk
台灣特有亞種 保育類

ID CARD

分類	鷹形目 鷹科
別名	鳳頭雀鷹、粉鳥鷹（台語）
城市出沒地點	行道樹、公園綠地、校園
大小	體長 37~48cm
食物	小型哺乳類、鳥類、蛙類及爬蟲類等。
棲息地	分布於低海拔的樹林裡，也對人類活動的環境適應力甚強。

58　家門外的野鄰居

鳳頭蒼鷹 | Crested Goshawk

鳳頭蒼鷹體型不大,所以適合在城市的水泥叢林裡移動。

包尿布的城市小霸王

鳳頭蒼鷹是生活在城市裡的猛禽,在這裡的小動物都要敬牠三分!不過,不要以為稱為「猛禽」就很大隻,牠的體型只比鴿子大一些而已,但個子小卻不減其威猛。我曾看過牠捕食赤腹松鼠、紅鳩、鴿子等獵物,偶爾也會獵捕兩棲類和昆蟲,也因為其體型不大,正好能飛快地穿梭在各個樹叢間伏擊獵物,所以在都市裡活動穿梭如魚得水、游刃有餘,可以說是超猛的街頭小霸王!

這個城市小霸王的穿著很特別,有著其他猛禽所沒有的白色蓬鬆尾下覆羽,聽不懂沒關係,你就想像牠「包著白色的尿布」在飛行,這也是我能一眼認出牠的原因,此「尿布」特徵在雄性成鳥身上尤其明顯!

這才不是「尿布」

這是「尾下覆羽」

被我發現小霸王竟然包尿布!

MY WILD NEIGHBORS　59

鳥類 BIRDS

街頭生存戰

有一次我在大安森林公園外對面的路口等紅綠燈，突然眼角餘光瞄到天上一個黑影衝來，我下意識的抬頭，「啊！鳳頭蒼鷹！」我驚叫了一聲，牠已經從我頭頂掠過，後頭還有五隻紅嘴黑鵯緊追著牠，感覺這隻鳳頭蒼鷹是被牠們追得落荒而逃。見識到這一幕，興奮異常的我引來其他路人側目，因為他們根本不知道，剛剛正上演一場城市街頭小霸王的生存混戰！小時候常聽長輩說「烏秋(註)打老鷹」，這句台語俗諺意指以小搏大，我心裡本還存著懷疑，結果俗諺中的劇情就在眼前上演。

你一定好奇，既然牠如此凶猛，怎麼會害怕小小的紅嘴黑鵯呢？其實鳳頭蒼鷹是怕群體作戰的小鳥，當牠們群起攻擊時，為了避免發生撞擊而造成「墜機」，鳳頭蒼鷹也只能逃之夭夭了。

註：大卷尾俗稱烏秋，繁殖期會有攻擊敵人的護幼行為。

鳳頭蒼鷹剛抓到老鼠，還來不及吃就被三隻樹鵲驅趕，嚇得他躲在樹後面不敢動。

鳳頭蒼鷹 | Crested Goshawk

雖然身處城市中，鳳頭蒼鷹親鳥還是很努力地帶回各種食物餵食雛鳥。

整座城市都是產房

城市鳳頭蒼鷹喜歡築巢於樹冠層，選擇的地方經常是人來人往的城市公園裡，或是大馬路路樹上；我家附近車潮洶湧的中央分隔島上就有牠們築的巢，這已經成了城市的日常！牠們通常一次會生兩顆蛋，雛鳥孵化後由雌性負責在巢邊育幼，雄性則是到外面捕食及守衛。

近年來台灣猛禽研究會為了觀察與推廣，在大安森林公園的鳳頭蒼鷹巢位旁裝設了監視器，二十四小時網路直播，沒想到竟然湧入數千人同時觀看，也讓這對鳳頭蒼鷹頓時成了網紅。透過直播，大家可了解到鳥類育雛的艱辛，有次大雨天甚至還拍攝到母鳥展開雙翅為兩隻鳥寶遮雨，這一幕充滿母愛的畫面，也感動了許多人。

鳳頭蒼鷹築巢在馬路分隔島的樹上。

何謂「鳳頭」

牠的名字「鳳頭」也別有玄機，因後腦勺有短冠羽，在受到驚嚇或威嚇敵人時羽毛會豎起，所以成了牠名字的由來，但以網路用語來說「冠羽」＝「呆毛」，如果牠是現在才被命名，叫牠「呆毛蒼鷹」可就一點也不威了。

GO!

我的是「冠」，你的是呆毛！

MY WILD NEIGHBORS 61

~偵探NOTE~

任意餵食的受害者

雖然生活在城市裡的鳳頭蒼鷹，不再需要躲避天敵，但卻要面對城市裡的種種危險，像是修剪路樹對於繁殖時期的擾動、馬路車輛的撞擊，或是各種玻璃帷幕折射造成的窗殺。除此之外，鳳頭蒼鷹也因城市裡隨處可得的獵物造成繁殖危機，研究人員在這幾年發現連續數起鳳頭蒼鷹的雛鳥出現身體消瘦、吞嚥困難，甚至開口呼吸的症狀，最後因而導致死亡，死亡原因是牠們感染了毛滴蟲，這一點和鳳頭蒼鷹捕食鴿子或其他鳥類有關，而讓人想像不到的是，罪魁禍首竟是人類在公園裡的餵食行為。

毛滴蟲平時寄宿在動物的消化道中與宿主共存，只有在宿主抵抗力弱時才會出現病徵，所以當人們在公園餵食野鳥時，牠們相互靠近搶食，便有利於毛滴蟲的擴散，如果鳳頭蒼鷹以這些被毛滴蟲感染的斑鳩、鴿子餵食雛鳥，就有可能導致幼雛也受感染而死亡。所以請停止餵食野生動物吧，因為你的舉動不但增加外來物種的數量，也會導致原生物種的傷害，有愛心就不要餵食！

R.I.P.！竟然因為感染毛滴蟲死亡！

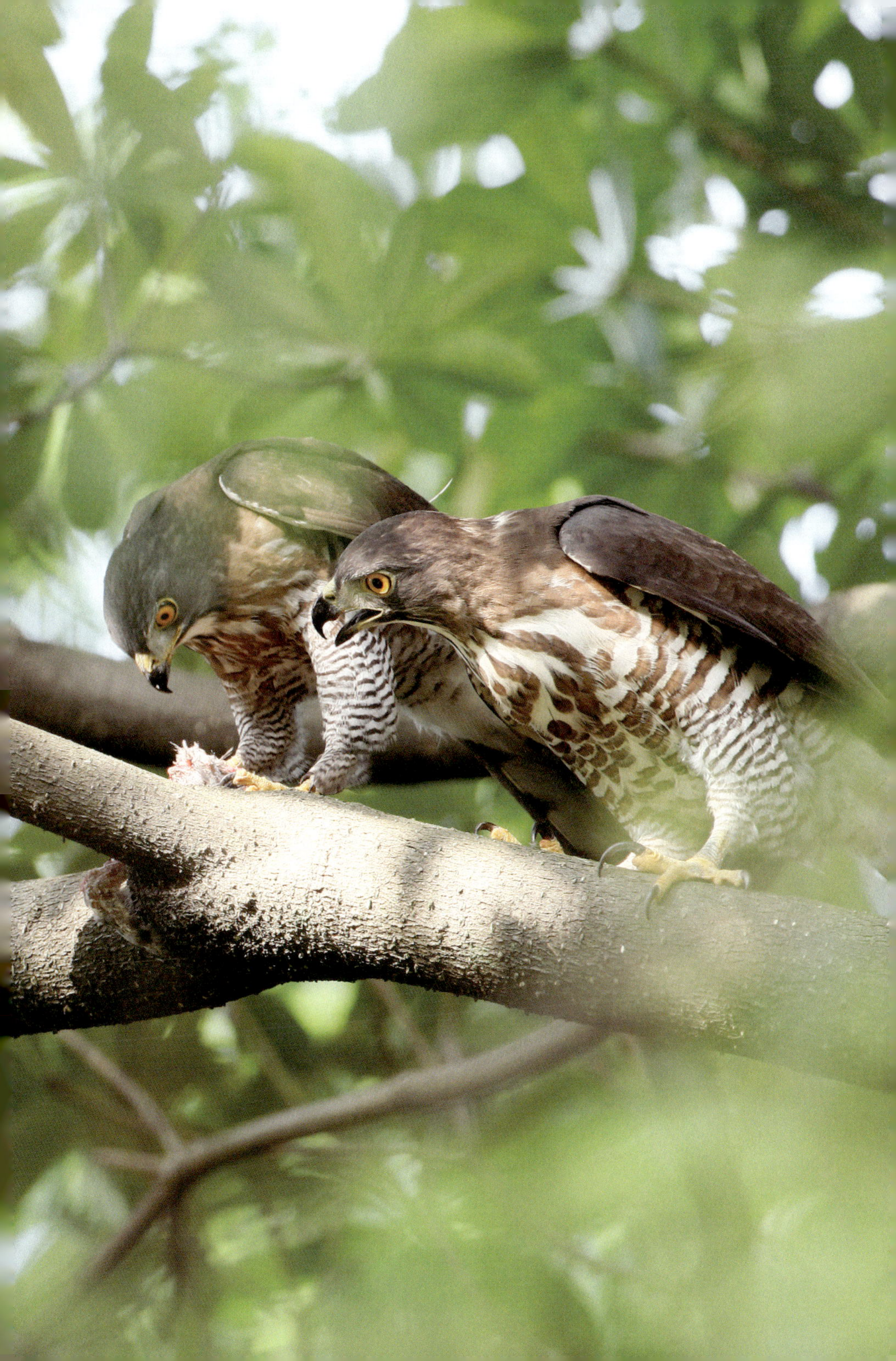

落巢雛鳥救援行動

每年春天三到六月是鳳頭蒼鷹的繁殖季，在城市裡開枝散葉的牠們也四處築巢繁衍下一代，幾乎每巢都有兩個新生寶寶誕生，在這樣算是十分密集的繁衍過程裡，雛鳥從巢裡掉出的「落巢」事件便經常發生，怪咖動物偵探在自家附近就遇上兩回，由於這一家族的巢位就在台北市與新北市交界的交通樞紐上，讓救援行動更加困難，也讓救援的我擔心害怕發生交通事故。鳳頭蒼鷹是保育類動物，在救援落巢小鷹時應先通報 1959 動物保護專線或是以 FB 聯繫台灣猛禽研究會協助處理，私自飼養是犯法的喔！

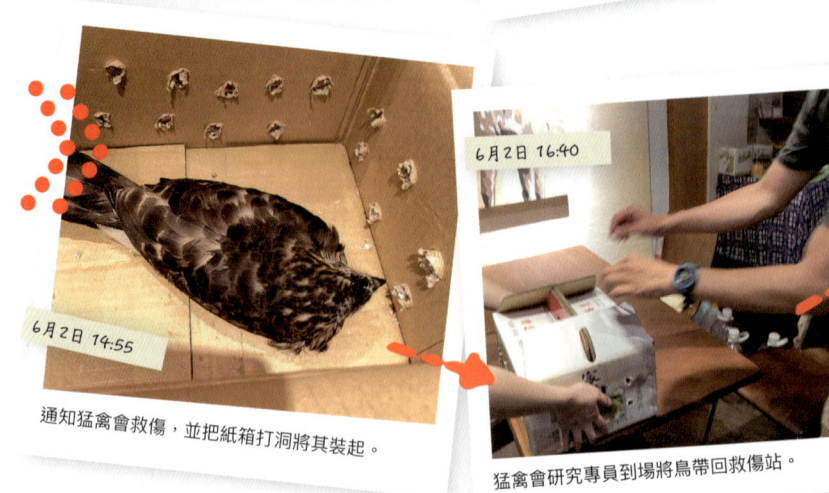

5月20日 15:15
每天記錄中央分隔島的巢。

5月28日 14:35
兩隻鳳頭蒼鷹雛鳥越來越壯碩。

6月1日 09:20
一隻已離巢，一隻蠢蠢欲動

6月2日 14:55
通知猛禽會救傷，並把紙箱打洞將其裝起。

6月2日 16:40
猛禽會研究專員到場將鳥帶回救傷站。

6月2日 18:10
獸醫正在檢傷治

鳳頭蒼鷹 | Crested Goshawk

6月2日 14:25

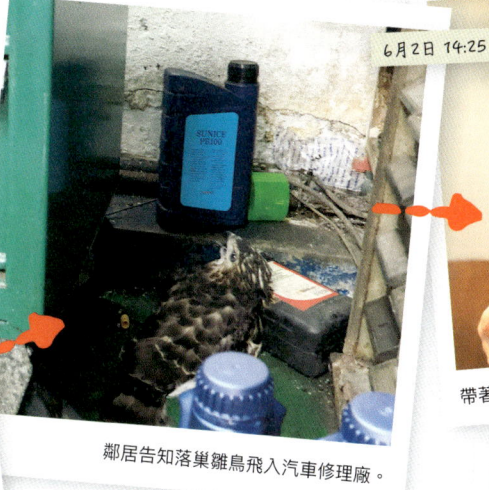

帶著浴巾將其包裹帶回，避免鳥或人受傷。

鄰居告知落巢雛鳥飛入汽車修理廠。

6月3日 20:33

確認無危之後準備放回，並戴上腳環以便辨識。

晚上由研究員搭乘吊車將落巢幼鳥送回原樹。

RRGT 台灣猛禽研究會
Raptor Research Group of Taiwan

民間猛禽救傷組織

台灣猛禽研究會是從事猛禽調查與研究的民間社團，於1994年8月1日成立，其宗旨是推動台灣猛禽的研究與保育，並參與國際猛禽研究。猛禽救傷通報流程：電話撥1959通報或私訊猛禽會FB，並提供現場照片與地點。

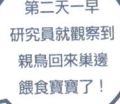

第二天一早研究員就觀察到親鳥回來巢邊餵食寶寶了！

6月4日 8:10

我是「紅79」我是男生，謝謝你們救我！

MY WILD NEIGHBOR

鳥類 BIRDS

企鵝不要再模仿我了！

夜鷺
Black-Crowned Night-Heron
Nycticorax nycticorax

{ 南崁企鵝？！ }

「喂～我要報案！

南崁溪邊出現好幾隻企鵝。」

管區員警接到電話，

立即到現場查看，

現場哪裡有企鵝？

只看到一群夜鷺站在溪邊……

夜鷺 ✓
@ Black-crowned Night-Heron
留鳥

| 分類 | 鷺科 夜鷺屬
| 別名 | 黑頂夜鷺、暗光鳥（台語）
| 城市出沒地點 | 公園池塘、水邊濕地

| 大小 | 體長 40~65cm
| 食物 | 以蛙類、魚、蝦等水生動物為食。
| 棲息地 | 生活在海拔 1500 公尺以下的河流、沼澤、池塘、河口濕地附近。

66　家門外的野鄰居

晚上不睡覺的暗光鳥

夜鷺 — Black-crowned Night-Heron

在介紹這位怪咖動物之前,有個腦筋急轉彎問題要考考大家:「夜鷺為什麼不喜歡走路?」想到答案了嗎?因為……「夜鷺(路)走多了,會遇到鬼!」(好吧!我承認是有點冷啦)

夜鷺這種鳥,還真的常有怪誕的聯想發生在牠們身上,比如台語說他人是「暗光鳥」,意指晚上不好好睡覺的人,夜鷺躺著也中槍,因為「暗光鳥」就是牠的別名。但晚上睡不睡覺這事卻怪不得牠,因為牠是在夜間也能活動的鳥類,但不全然夜行性,這個怪咖在白天也會覓食,所以夜鷺睡覺的時間是比較隨機和零碎的。

夜鷺雖然叫做「暗光鳥」,但牠不只在夜間活動,白天也是會移動和覓食。

你到底想看什麼?

這叫「身長不露」

從小我媽媽叫我不要駝背

消失的「脖子」

很多人說夜鷺沒有脖子,所以會被誤認成企鵝……。事實上,牠的脖子並不短,牠的長脖子還是捕魚利器,只是因為站姿的關係,所以看起來脖子不見了!

MY WILD NEIGHBORS 67

鳥類 BIRDS

河床上的釣魚翁

夜鷺們常成群站立在河堤或公園池塘邊上捕魚，樣子像一個個站在水邊的釣魚翁，不過，只是看起來比較呆萌而已。我曾經看到一隻夜鷺，牠不抓魚吃，卻一直注意岸上一位帶麵包來餵魚的老婆婆，我以為夜鷺也改吃麵包了，結果，在老婆婆撒下麵包後，夜鷺衝過去叼起水面上的麵包，往一旁飛去，我急忙跟了過去，想看看牠是否有把麵包吞下，結果牠竟然把嘴上的麵包重新放回水裡，這時候，池塘裡的小魚一湧而上搶食，當我還在對這行為摸不著頭緒時，看到夜鷺往水裡一夾，嘴上馬上就多了一條魚。

原本我以為是自己過度解讀，但陸續在網路上看到類似的影片，才驚覺牠們實在太聰明了，竟然學會先用麵包引誘魚群過來，然後再加以捕食！夜鷺這個怪咖不但是一種有智慧的都市鳥類，還常常引起話題。

會用誘餌的夜鷺

最早是在網路影片，看到夜鷺的遠親綠簑鷺用麵包引誘水中的小魚，沒想到這隻夜鷺亞成鳥也會用這一招來吸引牠的「食物」！

這招真的不錯用

快來吃！快來給我吃

最後的午餐？

是鴻門宴吧？

這算不算是一種投其所好

68　家門外的野鄰居

夜鷺 Black-crowned Night-Heron

南崁企鵝出沒注意

前幾年有一則新聞報導：桃園有民眾打電話到警局報案，說看到企鵝受困南崁溪邊，因為企鵝是珍稀動物，所以員警獲報後連忙趕至現場確認，結果只見到河床上站著一群夜鷺……。這一則真實新聞讓人聽了好氣又好笑，夜鷺藍黑與灰色相間的羽色乍看的確和企鵝有些神似，但實際的長相樣子也差太多了！難怪接受報案的警察受訪時開玩笑說：「誰再報案說有企鵝，我就打誰！」

夜鷺在水邊排排站，保持距離各自捕魚，還真有點像企鵝，也難怪有人會誤會。

MY WILD NEIGHBORS 69

鳥類 BIRDS

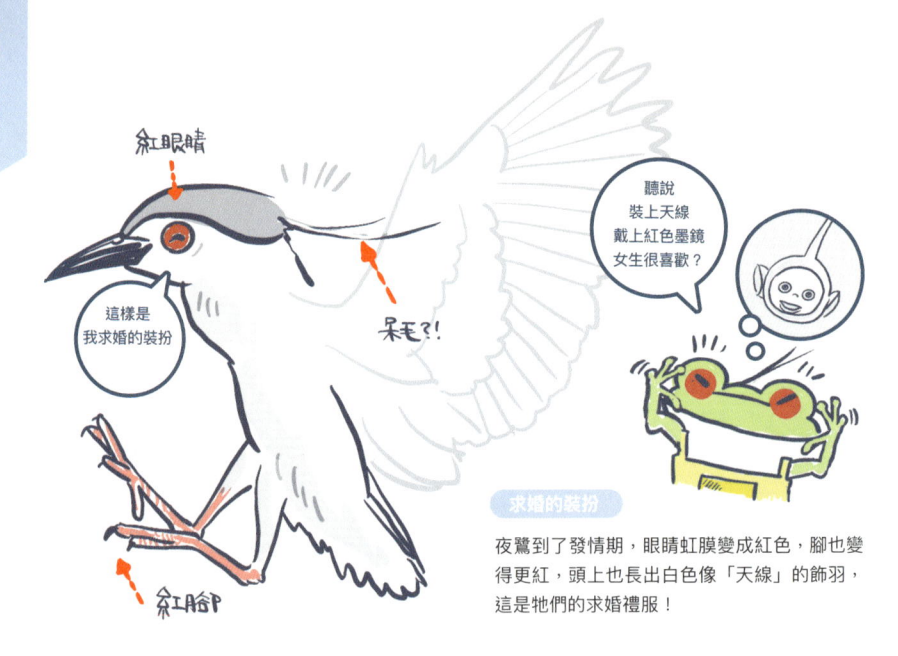

紅眼睛

這樣是
我求婚的裝扮

呆毛?!

聽說
裝上天線
戴上紅色墨鏡
女生很喜歡?

紅腳

求婚的裝扮

夜鷺到了發情期，眼睛虹膜變成紅色，腳也變得更紅，頭上也長出白色像「天線」的飾羽，這是牠們的求婚禮服！

眼紅的原因

曾經有一個孩子問我：「夜鷺是不是因為晚上不睡覺，所以眼睛紅通通？」這實在太有想像力了，其實夜鷺眼睛的虹膜平時是橘黃色，如果看到眼睛虹膜轉變成鮮紅色時，就表示牠們準備要找尋伴侶、繁殖小寶寶啦！而且繁殖期間，夜鷺無論公母，頭部後方會長二至三條好像天線的細長白色飾羽，這也是牠們開始求偶的裝扮，帥氣十足。

夜鷺的眼睛虹膜平時呈橘黃色，到了繁殖期會變成鮮紅色。

70　家門外的野鄰居

正在轉換繁殖期服裝的夜鷺，頭部已經長出飾羽，腳部尚未轉變成紅色。

夜鷺

Nycticorax nycticorax 留鳥

Black-Crowned Night-Heron

成鳥
- 繁殖期虹膜為鮮紅色
- 頭部上半部藍黑色
- 繁殖期長出白色飾羽
- 背部藍黑色
- 眼周黃灰色裸皮

亞成鳥
- 虹膜為擬褐色
- 全身棕灰色羽色白色斑點
- 黃色或淺擬色腳

> 鷺科家族的成鳥和亞成鳥

城市裡常見的夜鷺和黑冠麻鷺都同為鷺科家族成員，但因為樣子相似，常常被誤認，加上牠們的亞成鳥羽色也和成鳥不同，因此更讓人搞不清楚。我們可以用出沒的地方做初步判斷：夜鷺較常出現在水邊、河灘或泥灘，而黑冠麻鷺則常在森林底層與公園綠地出沒。

傻傻分不清楚的 夜鷺 V.S. 黑冠麻鷺

Black-crowned Night-Heron VS. Malayan Night-Heron

全身灰藍色羽色
白色斑點

藍黑色冠羽
眼周藍綠色裸皮

體色為棕紅色

亞成鳥

成鳥

黑冠麻鷺

Gorsachius melanolophus 留鳥

Malayan Night-Heron

MY WILD NEIGHBORS

鳥類 | BIRDS

領角鴞

Otus lettia glabripes

Collared Scops Owl

我已經不送信很久了！

	領角鴞 ✓
	@ Collared Scops Owl
	台灣特有亞種 保育類
分類	鴟鴞科 角鴞屬
別名	赤足木葉鴞
城市出沒地點	樹木較多的公園、校園
大小	體長 23~25cm
食物	肉食性鳥類，以昆蟲及小型哺乳類、爬蟲類為食。
棲息地	棲息在 1200 公尺以下低海拔的闊葉林中。

｛城市裡的夜貓子｝

「霧～～霧～～霧～～」

夜空中傳來低沉的叫聲，

那是領角鴞的呼喚。

在夜裡出沒的牠們，

是夜晚城市中強大的掠食者。

領角鴞 | Collared Scops Owl

白天是領角鴞休息的時間，迷彩的羽色讓牠隱身在樹叢中不易被發現。

白天隱身黑夜藏音

領角鴞是居住在城市裡的小型貓頭鷹，很多人都是看了電影《哈利波特》之後，迷上了送信的貓頭鷹。大家都誤以為要到荒山野嶺才可以見到牠們，所以當聽到我說很多公園或校園都住著貓頭鷹時，都驚訝不已，但因屬夜行性，要發現牠們的確不是那麼容易。

貓頭鷹是名副其實的「夜貓子」，雖然和我們住得近，卻只有少數人親眼見過，因為牠們有一套隱身魔法，除了羽色迷彩紋樣和樹木、叢林環境相似，牠們翅膀上的羽毛都還自帶消音器，在夜間活動時，啟動「靜音模式」，因此連飛行都不發出丁點聲音，除了偶爾幾聲「霧～～霧～～霧～～」叫聲之外，領角鴞好像有魔法一般，可完完全全隱身在夜色之中；而白天牠又施展另一套「隱身模式」，會找一處樹幹紋路與身體斑紋相似的地方睡覺，其身形與色彩融入環境的程度堪稱完美。

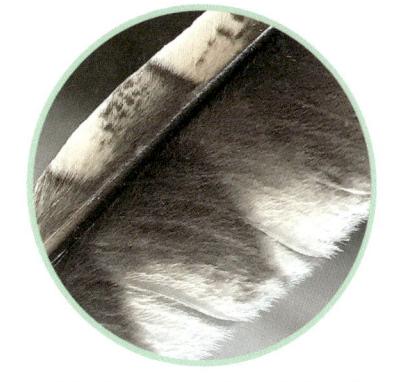

翅膀的前緣鋸齒以及天鵝絨般的表面，都可以讓領角鴞在飛行時不發出聲音。

MY WILD NEIGHBORS

不挑食的掠食者

領角鴞之所以可以住得離人類這麼近，主因是牠「吃得隨性」。有很多貓頭鷹對吃相當專一，但領角鴞的菜單相對多樣豐富，有調查指出：隨著環境的不同，其獵物也隨之變化，像是老鼠、蜥蜴、青蛙、斑鳩、麻雀、白頭翁甚至蟑螂等，這些都會區能見到的生物，都在牠的食物清單裡。

許多鳥兒的繁殖期都在春夏兩季，領角鴞這怪咖卻是選在每年十一月到隔年二月偏冷的秋冬季節，主要原因推測可能是與食物來源及環境條件有關。這時節，牠們主要的食物來源，像鼠類等，可能較容易取得，這有助於在繁殖期間為雛鳥提供充足的營養。

> 熟悉的味道最對味！
>
> 品味獨特
>
> 時不時要吐一下
>
> 真的是重口味！

「嘔吐物」的真相

我偶爾會到領角鴞出沒的公園，試著看能不能見到這隻怪咖，但成功找到牠的機會並不高，所以當搜索完頭頂的樹林之後，會接著觀察地面尋找留下的「食繭」，這樣我就會知道牠們有沒有回來。「食繭」是領角鴞飯後將無法消化的部分像毛髮、骨頭、鞘翅等東西結成塊狀吐出，說直白一些，就是嘔吐物呀！

領角鴞剛剛吐出的新鮮食繭。

領角鴞

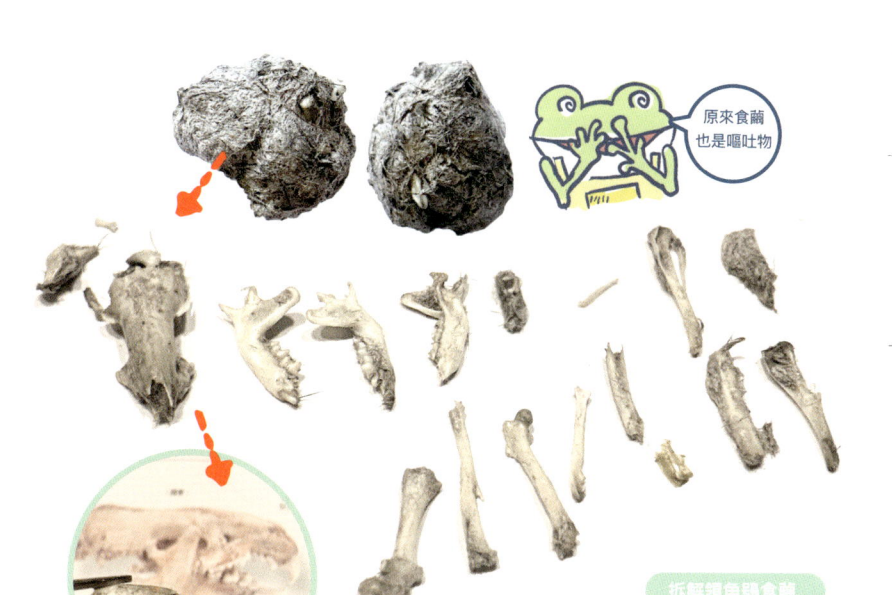

Collared Scops Owl

原來食繭也是嘔吐物

拆解領角鴞食繭

我是錢鼠

領角鴞會把無法消化的毛、骨頭、昆蟲殘渣等,在嗉囊裡集結成團後吐出來,觀察食繭裡的殘留物,可以分析出牠們吃的食物有錢鼠、小型齧齒類以及昆蟲。

食繭的祕密

有次接到消息,公園裡的領角鴞回來了,還生下三隻寶寶。我和朋友趕到現場時樹下已擠滿聞風前來的拍鳥人,人群的騷動讓白天應該要睡覺的領角鴞十分不安,我不想打擾牠們,在離開前去樹下繞了一圈,結果發現三顆剛吐出的食繭,我如獲至寶的捧在手上,一旁朋友嫌棄的說:「一股奇怪的臭味,好噁心!」的確,被那麼一說,是有一股難以形容的味道在鼻腔環繞,那味道既奇怪又有點熟悉。

這應該是我第一次收集到新鮮又完整的食繭,而那股怪味,讓我好奇牠們到底吃了什麼?回家將其中一顆食繭泡入酒精裡,半天之後化開的食繭溶出了很多灰色的細毛、一些甲蟲的翅鞘碎屑、一個頭骨和一組半的下顎骨,這個頭骨主人是誰引起了怪咖動物偵探的好奇心。於是我開始拿著頭骨比對資料,分析後發現是俗稱「錢鼠」的鼩鼱頭骨,這時我恍然大悟,原來新鮮食繭那股味道是錢鼠的體味啊!後來,我再將另外一顆食繭泡開,同樣也泡出了另一個錢鼠的頭骨,沒想到我們認為臭臭的錢鼠,卻是領角鴞在城市裡喜愛的美食啊!

MY WILD NEIGHBORS

鳥類 BIRDS

角羽

耳孔

耳孔

角羽好可愛

角羽與耳孔

領角鴞頭部左右各有一簇稱為「角羽」的羽毛，是牠的特徵之一。角羽不是耳朵，牠們頭部羽毛下不對稱高度的耳孔，才是貓頭鷹真正的聽覺構造。

領角鴞的角羽會隨著頭部動作升起和收起。

搶樹洞繁衍下一代

領角鴞會在樹洞中繁殖下一代，但牠們不像五色鳥會用嘴喙敲鑿出樹洞，因此搶奪天然腐朽而成的樹洞或是其他動物製造的洞穴，對領角鴞延續族群來說是非常重要的工作。也因為領角鴞尋覓繁殖巢穴不易，許多保育及研究單位如：屏科大鳥類生態研究室、昕昌生態科研、台灣野鳥協會都在校園推動人工巢箱放置，希望吸引領角鴞入住，壯大野生族群。

常見的角鴞家族

領角鴞已經成為城市裡常駐的夜行性猛禽，對於城市的生態扮演著舉足輕重的角色。台灣本土和領角鴞相似大小的貓頭鷹還有「黃嘴角鴞」，同為鴟鴞科角鴞家族的牠們體型相近，但黃嘴角鴞棲息地比較靠近郊山，晚上聽到猶如口哨聲兩短音的「嘘～嘘～」叫聲，就表示牠出現在附近啦（領角鴞的叫聲是「霧～～」）！根據觀察，近幾年黃嘴角鴞也有越來越向城市移動的趨勢！

領角鴞 Collared Scops Owl

黃嘴角鴞
台灣特有亞種 保育類
Otus spilocephalus hambroecki
Mountain Scops Owl

- 虹膜黃色
- 嘘～嘘～
- 嘴喙黃色
- 羽色黃褐色

領角鴞
Otus lettia glabripes
Collared Scops Owl
台灣特有亞種 保育類

- 霧～～
- 嘴喙黑灰色
- 虹膜暗紅色
- 羽色灰色或褐色

MY WILD NEIGHBORS

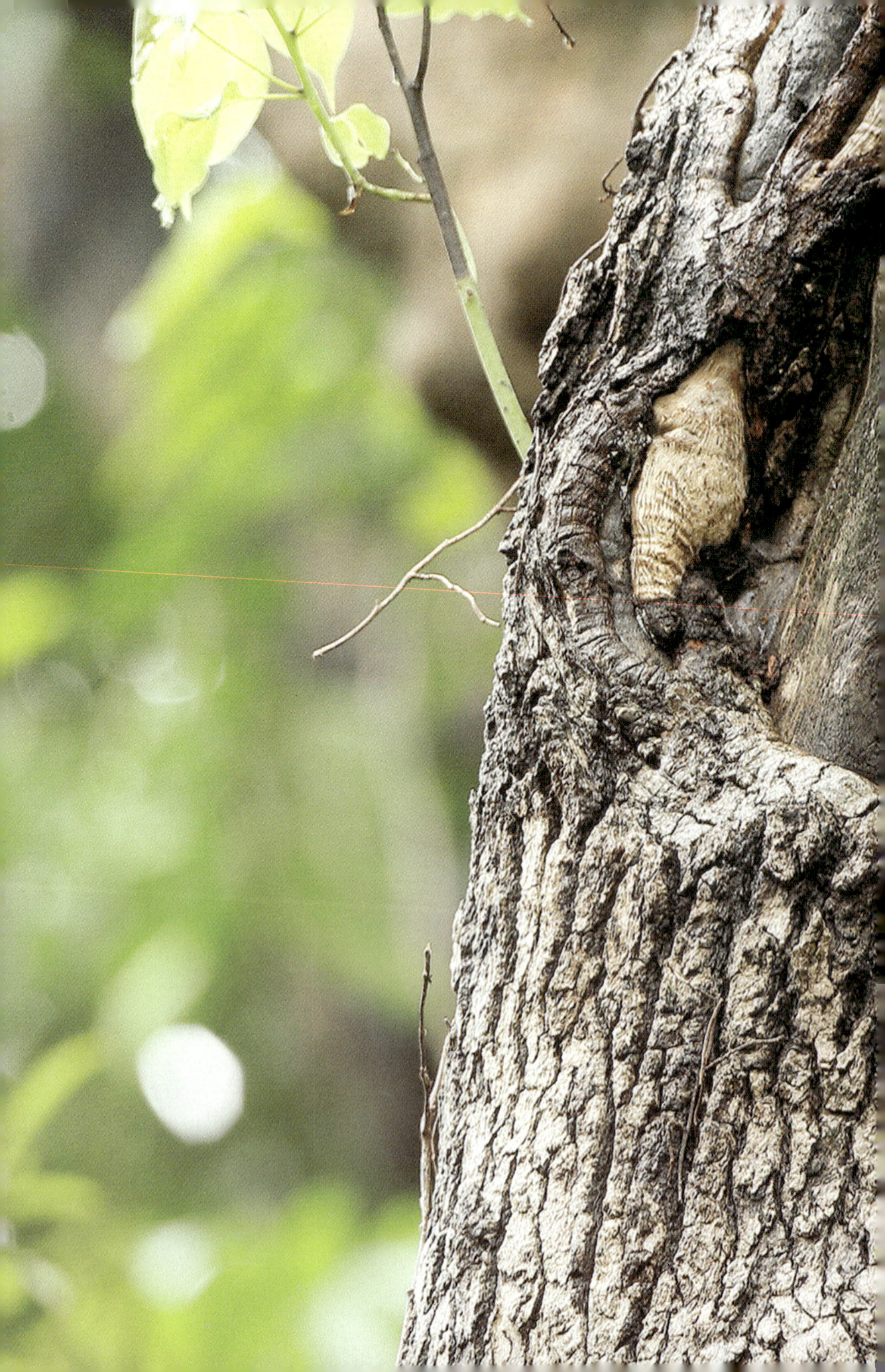

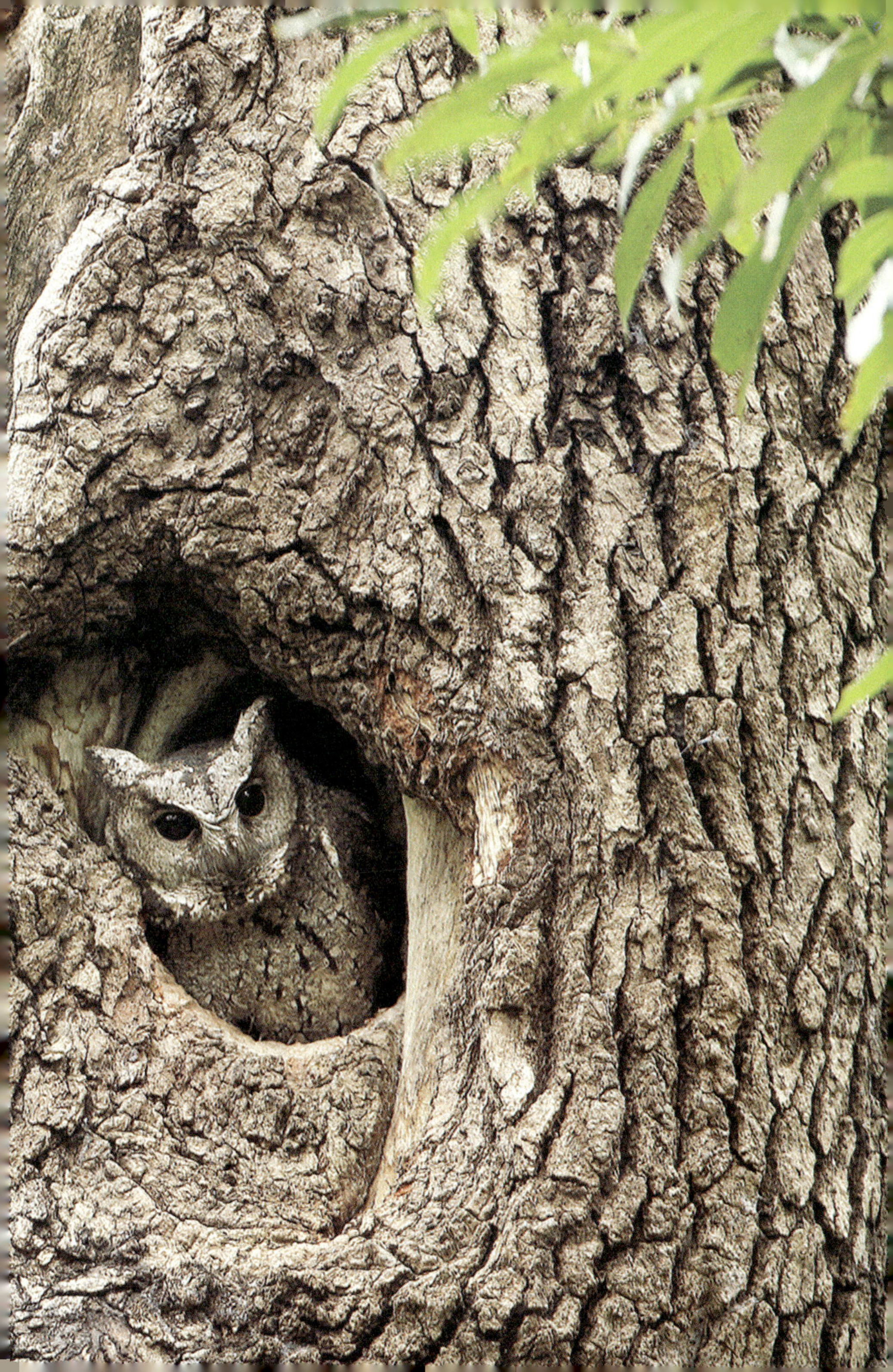

哺乳類
MAMMALS

錢鼠
House Shrew
Suncus murinus

「啊！」
我可是命中帶財

{ 有味道的臭鼩 }

「啊，有老鼠！」

餐廳老闆娘驚聲尖叫，

眼前瞬間竄出一隻細長的小傢伙，

哎！誤會大了，

雖然名字裡有「鼠」字，

但牠跟老鼠一點關係都沒有！

錢鼠 ✓
@ House Shrew
原生種

分類	鼩鼱科 臭鼩屬
別名	鼩鼱、臭鼩、地鼠
城市出沒地點	常出現在一樓廚房、水溝旁、廚餘或垃圾堆附近

大小	體長 11~13cm
食物	為肉食性，主要以昆蟲或其他無脊椎動物為食物。
棲息地	主要活動於森林、灌木叢林或草原，也適應人類開發的環境，常躲藏在陰暗潮濕的地方，如水溝、廚房等地。

82　家門外的野鄰居

錢鼠不是鼠

錢鼠 | House Shrew

「啾！啾啾啾啾！」聽到這一長串聲音，很多人應該已經手抓掃把衝出來了吧！我常常對這怪咖動物的行為感到無法認同，明明是大家討厭的對象，你也太高調了吧，出來逛大街還大呼小叫的，深怕人家不知道嗎？

「拜託，大家討厭的是老鼠，不是我好不好！」錢鼠心裡一定忿忿不平的表示。錢鼠根本不是「老鼠」，其為鼩鼱科，與老鼠一點親緣關係都沒有，只因為名字中的「鼠」字而拖累牠。我很想建議牠直接改叫另一個俗名「臭鼩」，這樣不僅可以避開爭議，我也覺得十分貼切，因為牠身上的體味實在非常的濃啊！

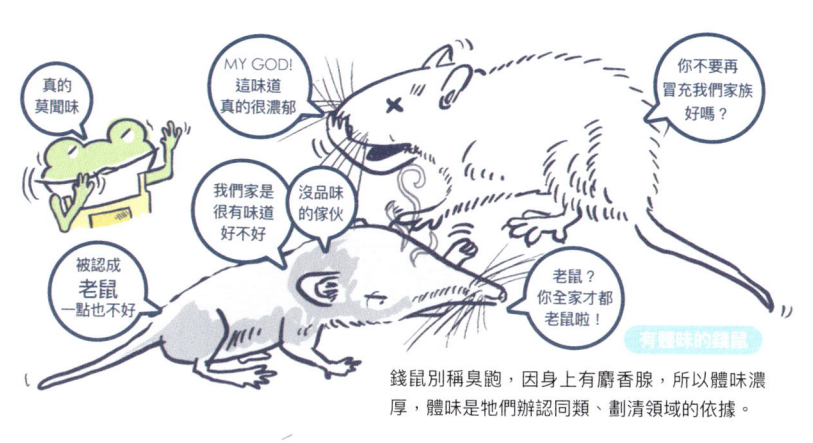

錢鼠別稱臭鼩，因身上有麝香腺，所以體味濃厚，體味是牠們辦認同類、劃清領域的依據。

錢鼠眼睛很小視力不好，用大大的耳朵與細長的口鼻，來輔助聽覺和嗅覺。

哺乳類 MAMMALS

錢鼠除外觀和老鼠明顯不同，牠是蟲食性動物，也與一般偷吃糧食的鼠輩不一樣

傳說帶財的錢鼠

至於為什麼被叫作錢鼠？據傳是古時候有人聽到牠的叫聲像拋擲錢幣的聲響而得名，我覺得這個人一定想錢想瘋了。錢鼠頭部很尖、身體細長，和老鼠外觀明顯不同，在分類上也完全不一樣，老鼠是齧齒目，而錢鼠則是真盲缺目，牠們兩個根本連親戚都說不上！錢鼠是生物鏈底層的消耗者，肉食性的牠們，主要以各種昆蟲以及節肢動物：如蚯蚓、蠕蟲等為食，人類廚餘則是城市錢鼠的最愛。錢鼠眼睛細小退化，皆憑著聽覺與嗅覺來定位與覓食，所以常沿著牆角移動，響亮的叫聲也是牠們聽音辨位以及相互溝通的方式。

對人類來說，雖然錢鼠常替老鼠背黑鍋，跑上街被誤認時仍是人人喊打，但因名字裡有個「錢」字，老一輩人相信牠會帶財，抓到都會放牠一馬，而且牠們還會幫忙吃掉蟑螂等討厭的蟲子，所以為求自保，我看還是不要改名好了。

84　家門外的野鄰居

錢鼠 | House Shrew

> 你都沒洗澡味道太重
> 不要一直扭快要咬不住
> 我怕掉下去
> 你咬輕一點啦！
> 寶貝你們別吵了好重啊

產量驚人的錢鼠列車

網路曾瘋傳一段「錢鼠列車」的影片，引發熱烈討論，影片中是一隻大錢鼠帶著七隻小錢鼠排成一排往前衝，好像一列火車在行進，許多人討論是不是媽媽帶小孩出門旅行？其實這是錢鼠在搬家。錢鼠的眼睛不太好，而剛出生的小錢鼠幾乎看不見，所以當遇到需要舉家搬遷的時候，每隻小錢鼠就咬著前面錢鼠的尾巴，由大錢鼠帶著大家一起前進，這樣的搬家方式光是用想的就覺得很可愛。

錢鼠一家出門就孩子成群，我對牠們超強的繁殖能力感到佩服，每年四到六月間是繁殖季節，每窩可生六至十隻小寶寶，產量驚人。牠們雖然每次繁殖都可以生很多胎，但別忘了，錢鼠還是領角鴞和鳳頭蒼鷹在城市裡賴以為生的美食之一喔，所以即使高產量，錢鼠的生存還是危機重重！

錢鼠能在水中游泳，因此偶爾會在水溝中看見牠們。

MY WILD NEIGHBORS

哺乳類
MAMMALS

我的可愛
是為了你給的食物

赤腹松鼠
Callosciurus erythraeus thaiwanensis
Red-bellied Tree Squirrel

赤腹松鼠 ✓
@ Red-bellied Tree Squirrel
台灣特有亞種

| 分類 | 囓齒目 松鼠科
| 別名 | 蓬鼠、松鼠
| 城市出沒地點 | 公園、居家花園
| 大小 | 體長 18~24cm，尾長 18~20cm
| 食物 | 以植物嫩葉、果實、種子等為食，也取食少量動物，包括昆蟲、鳥蛋等。
| 棲息地 | 廣泛分布於各海拔森林，包括闊葉林、針葉林、次生林、果園等，也非常適應都市的公園綠地。

{ 樹上的愛吃鬼 }

「牠好可愛啊！」

只要在公園聽到有人這樣說，

一定是松鼠又靠近人類了，

深怕錯過人類帶來的美食。

貪吃真的不是好習慣啊！

86　家門外的野鄰居

赤腹松鼠 Red-bellied Tree Squirrel

在叫什麼呢？

公園裡一群拿著相機準備拍鳥的人，聽到樹林間「唧個～唧個～唧個～唧個～」的叫聲，繞著樹一直在搜尋，「奇怪，到底是什麼鳥？叫這麼大聲」，他們邊找邊碎念，我在旁邊聽了覺得好笑，因為那根本不是鳥叫，是赤腹松鼠的「警戒叫聲」啦。我循著聲音來源望去，就看到一隻赤腹松鼠趴在樹幹上，直挺挺地盯著樹下叫，大尾巴還隨著叫聲有頻率的甩動，再仔細觀察，原來樹下來了一隻牠的世仇——流浪貓，牠們正在互相對峙警戒著。赤腹松鼠還會發出另一種「嘰哩～嘰哩～嘰哩～嘰哩～嘰哩～～」的叫聲，這是平時和同伴間的溝通聲。

媽媽說不能罵髒話

Ji-Ge~ Ji-Ge~ Ji-Ge~

Ji-Li~Li~ Ji-Li~Li~

威嚇警示－聲音尖銳短且急促　　同伴溝通－聲音順柔有節奏

有著毛茸茸大尾巴的赤腹松鼠常常下樹來尋找食物，很容易看見牠們的身影。

MY WILD NEIGHBORS　87

哺乳類 MAMMALS

被人類餵成大胖子

赤腹松鼠因蓬蓬大尾巴的可愛模樣討人喜愛，成為好感度相當高的囓齒類，常有「粉絲」帶著食物到公園裡探班，讓這些野生松鼠變得很親人，一有人靠近就會急忙爬下樹觀望，深怕錯過人類帶來的食物。牠們原本是以天然果實為主，但由於人們的餵食，使得牠們的體重超標，且因吃過多人類的調味食物，而造成腎臟及各種器官傷害，這些都是被所謂的「愛心」害了，餵食的行為對赤腹松鼠來說是慢性謀殺啊！

正在享用榕果的赤腹松鼠。

松鼠有三窟

雖然松鼠是城市裡最常見的哺乳動物，但大家對其習性還是不太了解，你們知道牠晚上睡在哪嗎？哈，被考倒了吧！其實，赤腹松鼠像鳥兒一樣，會在樹上築巢，不過牠築的是一個球狀的套房，會用樹枝搭建外觀，內部再用柔軟的草或是棕櫚樹皮鋪襯成一個可供牠躺臥的舒適空間，為了躲避天敵，同一隻松鼠可能會築很多個巢，每天不一定住在哪裡；每個巢也有數個出入口，以減低被掠食者盯上的機會！所以只聽過「狡兔有三窟」的你，一定不知道松鼠也有三窟吧！

松鼠的「鼠窩」

松鼠的巢從樹下看其形態和鳥窩有點像，但鳥窩是碗狀結構，它是球狀體，要仔細觀察才能分辨。

88　家門外的野鄰居

赤腹松鼠咬著棕櫚樹皮，
準備回到巢裡面「鋪床」。

爬蟲類
REPTILES

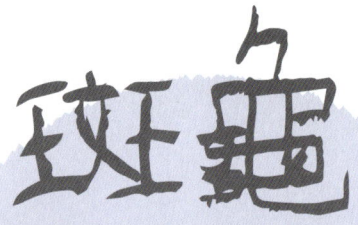

斑龜
Mauremys sinensis
Chinese Stripe-necked Turtle

沒有其他龜跟我有一樣的美美紋路！

{ 頭上套襪子 }

公園水邊整群烏龜晒著太陽，
每一隻都伸長了脖子，
模樣真有趣！
原生種的斑龜最好辨認，
因為頭頸部的斑紋，
就像是套著綠色直條紋的襪子！

斑龜 ✓
@ Chinese Stripe-necked Turtle
原生種

分類	地龜科 石龜屬
別名	中華花龜、澤龜、長尾龜
城市出沒地點	河濱公園、公園水池
大小	背甲長 20~30cm
食物	雜食性，食魚、蝦、水中植物等。幼年較偏向肉食，成年偏向植食。
棲息地	低海拔地區水流較緩的河川、池塘或沼澤中。

斑龜

Chinese Stripe-necked Turtle

斑龜在放鬆的狀態會把腳向後伸展休息。

其實一點都不慢

在公園裡的水池邊，常會被東西掉落水裡的聲響嚇到，原本以為是魚在搶食所激起的水花聲，重複多次之後，我終於看清楚，那是一隻隻受到驚嚇的烏龜跳入水中所發出的聲音。一天我趁著大太陽時又來到水池旁，這次我放慢步伐躡手躡腳地靠近，一群四肢敞開的烏龜正在做日光浴，我想更靠近時，牠們又飛快的「碰！」一聲跳入池中不見蹤影，僅留下一頭霧水的我。到底是誰說烏龜總是慢吞吞呀？難道我是遇到忍者龜了嗎？

這個一點都不慢的斑龜，是本地的原生種，又被稱為「澤龜」，因為牠們對環境適應力極強，再加上不挑食，水生的生物、魚類、昆蟲以及植物的嫩葉、花、果等，牠們都愛吃，所以從低海拔水域環境，包括水流較緩的溪流、溝渠、池塘、水庫以及河口的紅樹林區，都可以看到牠們的蹤跡。

龜速
其實很快滴！

為什麼
一直要
跟牠比賽跑

沒關係
你們再怎樣
都比我快

MY WILD NEIGHBORS　91

是放生？還是殺生？

本土原生的斑龜容易飼養，是最常被商人拿來繁殖當成寵物販售的水龜，更有一些人因為信仰的關係，認為放生這個「善舉」可以幫自己消災解厄，斑龜就成了最容易購買到的「放生」對象，甚至成了一個「產業」。

不過放生的人常常不知道，他們放生的龜，過一段時間就會被商人抓回「循環利用」，再賣給下一組放生客人或團體，斑龜雖然耐操，但是也無法承受一些不適合的環境，常聽聞放生團體把淡水的牠們放回海邊，或是把牠們帶到高山湖泊，低溫的環境造成了大量的斑龜死亡，原本自以為放生可讓牠們重回自然的「美意」，卻成了「殺生」！甚至還有些人會在放生前於其背上刻字，我們都以為烏龜背上只是一個硬殼，其實龜殼是變形的肋骨，脊椎直接連接在背甲上，所以在上頭刻字，會讓牠承受巨大的痛苦啊！這一點光想就覺得超痛的！

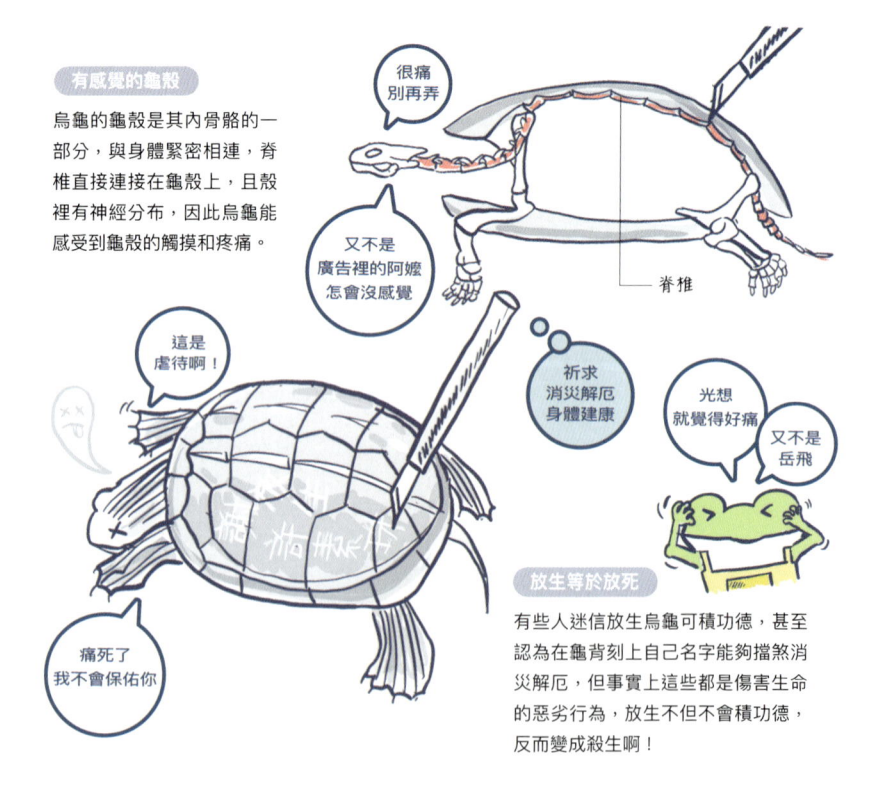

有感覺的龜殼

烏龜的龜殼是其內骨骼的一部分，與身體緊密相連，脊椎直接連接在龜殼上，且殼裡有神經分布，因此烏龜能感受到龜殼的觸摸和疼痛。

很痛 別再弄

脊椎

又不是廣告裡的阿嬤怎會沒感覺

這是虐待啊！

祈求消災解厄身體健康

光想就覺得好痛

又不是岳飛

痛死了 我不會保佑你

放生等於放死

有些人迷信放生烏龜可積功德，甚至認為在龜背刻上自己名字能夠擋煞消災解厄，但事實上這些都是傷害生命的惡劣行為，放生不但不會積功德，反而變成殺生啊！

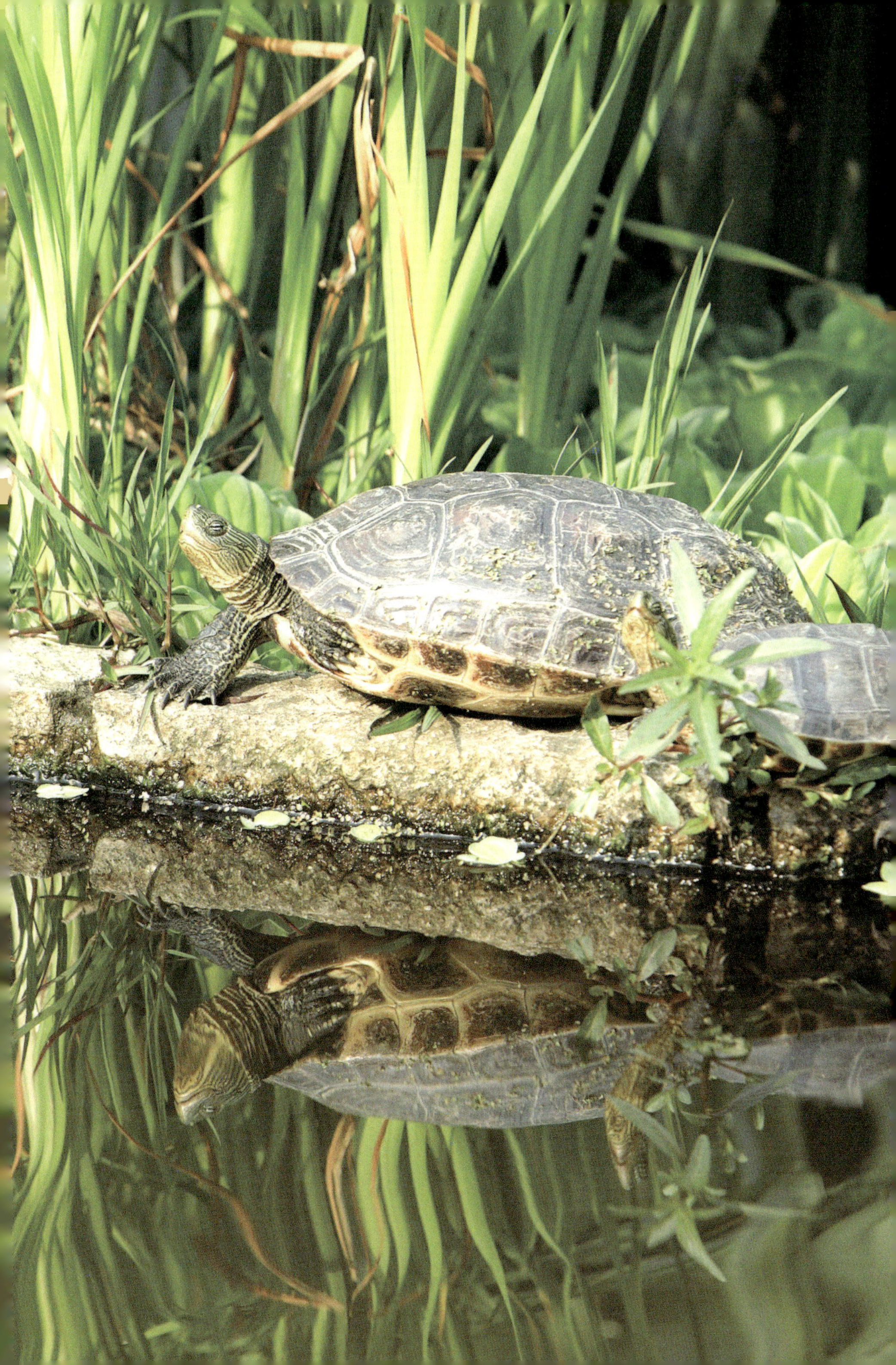

爬蟲類
REPTILES

我現在可是地球上最常見的龜!

紅耳龜
Red-eared Slider

Trachemys scripta elegans

紅耳龜
@ Red-eared Slider
外來種

| 分類 | 澤龜科 彩龜屬
| 別名 | 巴西龜、密西西比紅耳龜
| 城市出沒地點 | 河濱公園、公園水池
| 大小 | 背甲長 20~30cm
| 食物 | 雜食性，以小型魚類、兩棲類、甲殼類、貝類、水草等為食。
| 棲息地 | 低海拔地區池塘或沼澤中。

{ 以世界為家的龜 }

許多城市公園的水池裡，
都住著許多烏龜，
外來種的紅耳龜是其中基本成員，
無論天氣是酷寒或炎熱，
牠們都可以適應得很好，
不愧是最強勢的外來種生物！

紅耳龜　Red-eared Slider

身世混亂的「巴西龜」

紅耳龜是非法居留台灣的外籍客，很多人習慣叫牠「巴西龜」，不過現今在外遊蕩的，都不是真正來自巴西的龜。原本最早被商人引進台灣的「巴西龜」，其實是來自南美洲的南美彩龜，後來商人又從美國密西西比河及墨西哥格蘭德河流域引進另一種龜，外型和原來的「巴西龜」十分相似，但頭部兩側多了像是腮紅的紅色斑紋，特殊模樣卻更受到歡迎。所以現在到處可見的「巴西龜」老家卻是在北美洲啊！

紅耳龜因為眼後的紅斑而得名，牠是世界上最常見的水龜。

紅耳龜小時候很可愛，長大之後體態、斑紋都有變化，非常容易被棄養。

寵物市場推波助瀾

斑龜雖然是台灣本土龜類分布最廣的種類，但外來的紅耳龜適應力比斑龜還要強，寵物市場的推波助瀾加上放生市場的興起，現在紅耳龜可是以世界為家，為全球分布最廣的烏龜了。

紅耳龜容易繁殖，而且幼龜小巧可愛，也因此產生了許多畸形的販售行為，譬如在夜市被放在小杯子裡讓人套圈圈、裝在充氣袋子裡當成鑰匙圈掛飾，或是為了吸引人們的注意在背上黏有各種卡通圖案塑膠薄膜，這些作法對於烏龜來說都是一種致命傷害，大家不要因為獵奇而購買，這是虐待動物的行為，不值得鼓勵。

適應力極強的龜

紅耳龜在亞熱帶氣候的台灣適應得很好，連溫帶氣候會下雪的日本東京，神社水池裡也有牠們滿滿的同伴，對環境有著極強的適應能力，而且偏肉食的紅耳龜食量驚人，幾乎什麼都吃，因此有牠出現的水域常會危害到原生魚類、龜類及其他物種的生存。根據統計，紅耳龜目前是全世界被飼養數量最多的水龜，在國際上，強勢的牠們也被列為世界百大外來入侵種之一，所以無論要飼養或放生都要三思而後行啊！

紅耳龜 | Red-eared Slider

疊疊樂曬太陽

烏龜是變溫動物,為了維持身體健康,需要靠晒太陽升高體溫,讓循環代謝正常運作,因此經常可在水池邊石頭上看到烏龜四肢向外伸展做日光浴,如果棲息地不夠大,烏龜們則會疊在一起,爭取用最大的面積晒到太陽。

龜類真的很愛晒太陽

太陽大就要晒好晒滿

爬高高晒得更多

紅耳龜晒太陽很舒服時,會將四肢伸展開,讓陽光均勻曝晒全身。

爬蟲類
REPTILES

斑龜
Mauremys sinensis 原生種 ✓
Chinese Stripe-necked Turtle

- 頭頸部黃綠色條紋
- 背甲三條淡褐色棱脊

食蛇龜
Cuora flavomarginata 原生種 保育類 ✓
Yellow-margined box Turtle

- 鷹勾嘴
- 眼睛後方黃色縱帶
- 背甲黃色棱脊
- 黃色臉頰
- 腹甲可閉合

柴棺龜
Mauremys mutica 原生種 保育類 ✓
Yellow Turtle

- 下頜黃色
- 黃色帶狀紋
- 背中央明顯脊棱

98　家門外的野鄰居

台灣本土的 淡水龜
Taiwan's Freshwater Turtle

紅耳龜
Trachemys scripta elegans 外來種
Red-eared Slider

- 紡錘形紅色斑紋
- 腹甲有眼狀斑

台灣的原生淡水龜有五種，分別是斑龜、食蛇龜、柴棺龜、金龜和中華鱉。其中，食蛇龜、柴棺龜和金龜屬於保育類動物，其他兩種淡水龜也面臨著生存的壓力。另外紅耳龜是本土最常見的外來入侵種。

金龜
Mauremys reevesii 原生種 保育類
Reeves Turtle

- 三條縱向隆起
- 頭頸有淺色線狀斑紋

中華鱉
Pelodiscus sinensis 原生種
Chinese Soft-Shelled Turtle

- 吻端像豬鼻
- 扁平的身體
- 背甲有軟質襯裙

MY WILD NEIGHBORS

爬蟲類
REPTILES

斯文豪氏攀蜥

看什麼？是要比伏地挺身嗎？

Diploderma swinhonis

Japalura Swinhonis

｛樹上的小恐龍｝

路邊的行道樹上，

一個長長的身影往上竄，

我跟過去一探究竟，

那是一隻像似小恐龍的蜥蜴，

一看到我靠近，

原本趴在樹幹上的牠，

竟然開始做起了伏地挺身⋯⋯

斯文豪氏攀蜥 ✓
@ Japalura swinhonis
台灣特有種

| 分類 | 舊大陸蜥蜴科 龍蜥屬
| 別名 | 肚定（台語）、山狗大（客語）、攀木蜥蜴、台灣攀蜥、箕作氏攀蜥
| 城市出沒地點 | 住家庭園、公園、校園
| 大小 | 體長 8~25cm
| 食物 | 主要以昆蟲或是其他小型無脊椎動物為食。
| 棲息地 | 平地至 1500 公尺以下低海拔地區，以及離島蘭嶼、綠島、小琉球。

100　家門外的野鄰居

斯文豪氏攀蜥 | Japalura swinhonis

> 101～
> 102～
> 103～

> 其實……
> 手有點痠

> 這就是你的
> 武力對決？！

> 好猛！

縮小版恐龍

才一走近路邊的樟樹，落葉堆裡忽然竄出一個小小身影，「颼！」一聲衝上樹，停在離我不遠處的樹幹上，仔細一看是隻模樣像縮小版恐龍的斯文豪氏攀蜥。

我越是想探頭看清楚，牠越是往上竄，而且繞到樹幹背面，我放慢動作繞過去，還是被牠早先一步發現，但這一次牠沒有跑走，而是脹大下巴，然後在樹幹上做出伏地挺身的示威動作。我當然沒有被牠的動作嚇到，只是一動也不動的盯著牠看，在牠發現這個威嚇對我起不了作用後，就一溜煙頭也不回的往更高的樹上竄去了。

良好的迷彩體色，讓斯文豪氏攀蜥可以隱身在樹幹上。

MY WILD NEIGHBORS　101

剛和對手打完一架的斯文豪氏攀蜥，背脊還直直的豎起。

凶猛的打鬥

上一回遇見牠的同類，是看見兩隻公的攀木蜥蜴在樹上對峙，雖然不知道牠們是為了爭地盤還是搶女朋友，只見牠們緊盯著對方，然後做出伏地挺身的動作，才做沒幾下，其中一隻就朝另一隻張口咬了過去，直接咬住對方脹大的喉部，被咬的一方使勁甩動，這麼一甩讓兩隻蜥蜴都失去平衡，「砰！」的一聲雙雙掉到樹下灌木叢裡。可別看牠個子小小的，嘴裡可是長滿一排細細尖齒，就像一排線鋸，只要被牠咬住的獵物是絕對沒有逃脫的機會。

來來來哩來

斯文人動口不動手喔

別以為我是斯文人就不敢動你

那小牙齒有夠凶的啦

你別過來喔

102　家門外的野鄰居

斯文豪氏攀蜥 | Japalura swinhonis

> 嘿嘿 敵人一上樹我就能醒來逃跑

> 出這招算你厲害

> 晚餐又沒了 我一碰到樹葉牠就會醒來逃跑

> 為了保命這樣睡也行！

充滿巧思的睡覺法

攀木蜥蜴是日行性的爬蟲類，晚上為休息時間，其睡覺的姿勢很奇怪，是趴在灌叢植物最前端的細枝上，四肢緊握，以極為不舒適的方式睡著，從人類的角度來看會覺得很奇怪，不過這種睡覺方式卻是充滿著巧思，因為攀木蜥蜴有許多天敵，如果在牠睡覺時，有掠食者觸碰到任何一根枝葉，細枝就會產生震動讓牠驚醒，牠可以立即反應藉此來增加逃命的機會，這可是牠們保命的大絕招呢！

斯文豪氏攀蜥的直立睡姿，讓人看得目瞪口呆。

MY WILD NEIGHBORS

兩生類
AMPHIBIANS

我很醜，
但是我很溫柔～

盤古蟾蜍

Bufo bankorensis
Central Formosan Toad

盤古蟾蜍 ✓
@ Central Formosan Toad
台灣特有種

分類	蟾蜍科 蟾蜍屬
別名	台灣蟾蜍、癩蝦蟆
城市出沒地點	公園、人行道、校園等空曠區域
大小	體長 6~11cm
食物	以昆蟲與節肢動物為食，有時也會吃蚯蚓
棲息地	主要棲息在闊葉林、墾地及混生林。在果園、溪邊、路邊，於雨後的夜晚常可見其出來聚集在路燈下覓食。

{ 面惡心善的代表 }

馬路中央端坐著一隻蟾蜍，

完全無視於人類靠近，

紋風不動，

一副山大王模樣，

正面對視，咦～

其實還蠻「可愛」耶。

我很醜但很溫柔

盤古蟾蜍 Central Formosan Toad

如果要選一種最有冤情的怪咖生物,一定非盤古蟾蜍莫屬。雖然其貌不揚,但可是面惡心善的代表!人們常常由上而下的看著牠,只見其背上滿布疙瘩與疣粒突起,隨隨便便就給牠一個「癩蛤蟆」的難聽稱呼,其實很多人不知道蟾蜍也是蛙類的一種,蛙類對環境的貢獻牠都有!如果蟾蜍會抗議,牠會說:「這根本是以貌取蛙的種族歧視呀!」

以人類的審美角度看,蟾蜍皮膚的確很差,表皮上布滿如黑頭粉刺般的疣粒,還乾乾皺皺的,這些人類不喜歡的缺點,卻成了蟾蜍的生存優勢,因這樣的外型才能在較乾燥的環境下生活。我們都只看到其醜陋的背影,很少蹲下來瞧瞧牠的正面,其實蟾蜍還是很有型的!尤其盤古蟾蜍,長得還滿可愛的,牠們也是環境的小幫手,會吃掉各種蚊蟲,甚至蟑螂、螞蟻……,有盤古蟾蜍的蹤影代表所處的環境很健康,所以有這樣又醜又很溫柔的鄰居,是很棒的呀!

> 皮膚看起來真的不太好

盤古蟾蜍背上滿布的疙瘩與疣粒突起,人們因為他的外型而產生害怕。

MY WILD NEIGHBORS

黑社會老大是恐怖情人

盤古蟾蜍是本土蟾蜍中體型最大的一種，胖胖的身體很有氣勢，也有人說牠蠻橫的樣子很像黑社會老大，的確，幾乎沒有什麼動物敢招惹牠。蟾蜍沒有鳴囊，所以不會發出叫聲，不像其他蛙類在求偶時會大唱情歌，只有公的盤古蟾蜍在被其他蟾蜍誤抱時，才會發出「勾、勾、勾、勾、勾」的聲響，雖然我不懂蛙語，但想也知道牠在大叫：「你抱錯啦！放開我啦！」繁殖季的盤古蟾蜍為了搶奪母蟾蜍，五、六隻公蟾蜍會把母蟾蜍團團抱住，不但推擠還大打出手，現場看像是一顆在水裡滾動的蟾蜍球，有時爭鬥過於激烈，母蟾蜍還會被牠們擠壓導致窒息淹死，看來盤古老大還是個恐怖情人呢！

最先找到雌蛙配對的盤古蟾蜍雄蛙不一定是最後贏家，還要擔心其他雄蛙搶親。

盤古蟾蜍 | Central Formosan Toad

阿嬤告誡不能碰牠

我從小就對蟾蜍又愛又怕，因為阿嬤常常告誡我：「不要玩弄蟾蜍，牠會對你吹氣。」後來才知道好多朋友的長輩也是如此。一直到長大後，「蟾蜍吹氣」還是我心中的一個謎團。有一回帶活動，遇到一位阿嬤也這麼說，我抓緊機會詢問她，到底蟾蜍對人吹氣會造成什麼傷害？她神祕兮兮地跟我說：「蟾蜍吹氣會噴出毒素，會讓小男生的『雞雞』腫大啦……」這段對話讓我好氣又好笑，從小的禁忌謎團也終於解開！蟾蜍的耳後腺的確有毒，但牠們不會隨意放毒，因此並不是蟾蜍的毒素讓男孩的生殖器腫脹，根據我的推敲，應該是頑皮的孩子摸了蟾蜍之後沒有洗手，就去上廁所，蛙類身上的細菌感染到生殖器而導致……。所以，蟾蜍又莫名背了黑鍋！

虛張聲勢的馬路霸王

但別看盤古蟾蜍個頭大，遇到危險時，卻也只會虛張聲勢的鼓起胸膛，四肢把身體撐高，讓自己看起來更大更壯來裝模作樣一下，這樣的防衛姿勢是有點掉漆，不過這招把身體變大的方法，的確嚇倒一些掠食者，讓牠可以逃過一劫。牠是台灣本土的兩種蟾蜍中，較喜歡「呆」在馬路中間的，而這當路霸的習慣，卻讓牠成了常被路殺（註）的被害者，有時我也納悶牠到底為了什麼如此鋌而走險？原來，牠蹲守在路中間是因為視野比較好，路燈下常有趨光而來的昆蟲，只要一有食物出現，隨時可以飽餐一頓，這危險行為一切都是為了生活啊！

註：「路殺」是指生物們在馬路上被車子撞擊而死。

人們說三條腿「財」跑不掉

我們有像嗎？我只有三條腿嘞

大哥看在我們很像的份上 報個明牌吧

蟾蜍求財
很多彩券行櫃台上會擺腳踩銅錢、元寶及嘴裡咬著金幣的三腳蟾蜍雕像，有一個說法是台語的蟾蜍發音好似「求錢」，因此認為蟾蜍會帶來財富。

MY WILD NEIGHBORS

兩生類
AMPHIBIANS

黑眶蟾蜍

Duttaphrynus melanostictus

Spectacled Toad

我有毒但不會隨便放毒，我可是很有原則的

黑眶蟾蜍 ✓
@ Spectacled Toad
原生種

| 分類 | 蟾蜍科 頭棱蟾屬
| 別名 | 癩蝦蟆
| 城市出沒地點 | 公園、人行道、校園、庭院及溝渠等

| 大小 | 雄性 5~6cm，雌性 9cm 以上
| 食物 | 以昆蟲與節肢動物為食，有時也會吃蚯蚓。
| 棲息地 | 主要棲身於闊葉林、河邊草叢及農林等地。

{ 暗黑教主 }

體色黑、滿臉鬍渣，

指尖塗了黑色指甲油……

像是走在流行尖端的搖滾教主，

春天來臨時，

牠會在水池邊大唱情歌！

黑眶蟾蜍 | Spectacled Toad

> 滿臉鬍渣算不算是一種「渣男」
> 看起來鬍子都沒刮乾淨喔

比起盤古蟾蜍，黑眶蟾蜍像是一個不修邊幅的大叔。

鬍渣的搖滾大叔

比起盤古蟾蜍老大，黑眶蟾蜍樣子更有個性，雖然體型沒有盤古蟾蜍壯碩，但眼眶四周連接到嘴巴附近的黑線以及一點一點的黑色疣粒，讓黑眶蟾蜍看起來像是滿臉鬍渣沒刮乾淨的大叔，加上體色較黑，模樣實在不討喜。

不過仔細看，這位怪咖卻是走在時尚潮流的尖端，其手指末端是黑色的，好像塗了黑色指甲油，整體造型簡直就是「暗黑教主Roker」。牠和盤古蟾蜍最大的不同，就是盤古蟾蜍不會鳴叫；而公的黑眶蟾蜍有鳴囊，所以春天求偶季時就會聚集在池塘邊「咯、咯、咯」的開演唱會，大唱情歌。

製毒不亂放毒

很多人對蟾蜍的第一印象就是有毒、很可怕。的確，牠們的皮下與身體上方兩側膨大耳後腺是有毒的，這是牠們重要的保命工具，也因為這個毒液，會讓部分天敵避而遠之。不過這道保命符牠們可是愛惜得很，除非感覺到劇烈疼痛或遭受生命危險，否則是不會輕易釋放毒液的！

兩生類
AMPHIBIANS

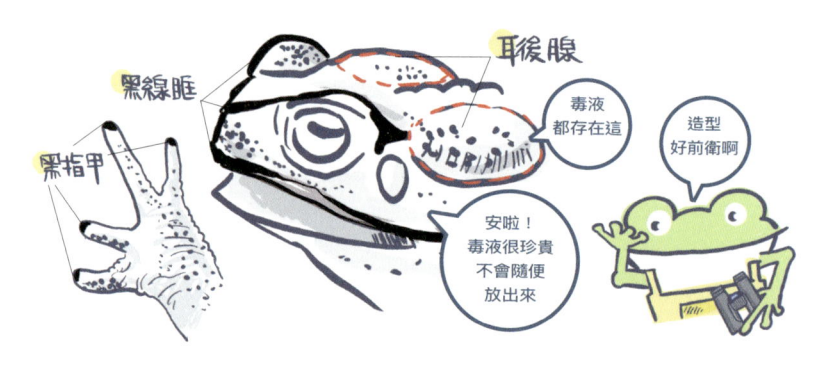

耳後腺

黑線眶

毒液都存在這

造型好前衛啊

黑指甲

安啦！毒液很珍貴不會隨便放出來

移民海外的惡勢力

原分布於中國大陸西南部及南部、台灣、斯里蘭卡、印尼及婆羅洲等地的黑眶蟾蜍，約在 2014 年左右出現在非洲馬達加斯加東岸的圖阿馬西納（Toamasina）港口城市，研判牠們應該是搭船從亞洲偷渡而來的，由於馬島東岸有著和原棲地相似的氣候，黑眶蟾蜍很快便適應並建立族群，帶有毒液的牠們也危害到當地生物。儘管科學家迅速組成團隊，與當地保育團體和社區居民共同合作移除，但礙於經費及人力資源有限，移除行動很難趕得上黑眶蟾蜍每年以約 2 公里向外擴散的速度，成為恐怖的惡勢力。沒想到這個本土蟾蜍二當家離開原生地到了國外，還是很有「影響力」啊！

黑眶蟾蜍的造型令人印象深刻，牠會變成馬達加斯加的外來入侵種也是始料未及。

～偵探NOTE～

外來新勢力——海蟾蜍

除了兩種本土蟾蜍以外，近年還發現「海蟾蜍」在南投現蹤，研判應為民眾棄養。被列為世界百大入侵種之一的海蟾蜍，原棲於中南美洲熱帶地區，可說是世界上體型最大的蟾蜍，1930 年代，許多國家為了防治甘蔗害蟲而引進牠們，又被稱為「蔗蟾」，當成「為民除害」的外來傭兵，沒想到最後卻變成魚肉鄉民、霸占地盤的恐怖分子。

海蟾蜍的體型比任何本土蛙類都還要大，不挑食的牠們會吃掉所有抓得到、比牠體型小的生物，尤其是本土的蜥蜴、蛙類等受害最為嚴重，民眾放置在路邊的貓狗飼料也成為牠們取食的來源，甚至還會在垃圾堆裡翻找可吃的食物，也難怪牠們個頭一個比一個大。適應力與繁殖力均強的牠們，耳後腺分泌的毒性也很強，不只危害小型原生動物，連貓、狗、蛇等動物誤食也可能會中毒身亡，在澳洲、日本、菲律賓等國家，都有類似案例出現，也造成當地生態環境相當大的影響。

攝影 / 雪羊 黃裕翔 / 拍攝於哥斯大黎加

請不要在路邊放置食物餵食遊蕩犬貓，你放的飼料也極有可能變成海蟾蜍的食物。
發現海蟾蜍，可以 1999 專線電話通報，再轉報林務局，或至「兩棲類保育志工」臉書社團進行線上通報移除。

MY WILD NEIGHBORS　111

兩生類
AMPHIBIANS

耳後腺膨大
呈三角形

體長 12-15cm

海蟾蜍
Bufo marinus 外來種
Cane Toad

海蟾蜍
@ Cane Toad
外來種

| 分類 | 蟾蜍科 蟾蜍屬
| 別名 | 美洲巨蟾蜍、甘蔗蟾蜍、蔗蟾
| 城市出沒地點 | 以菜園、果園、水田、住家等人為環境為主
| 大小 | 體長 12-15 公分，最大的標本重達 2.65 公斤及長 24 公分。
| 食物 | 以其他蛙類、昆蟲等小動物為食，有時也會吃貓狗飼料。
| 原棲息地 | 海蟾蜍原產於美洲，分布自美國德克薩斯州南部至亞馬遜盆地中部及祕魯東南部，屬熱帶及半乾旱環境。

112　家門外的野鄰居

本土 VS. 外來

蟾蜍比一比
Toad Comparison

虹膜青綠色
橢圓形耳後腺
虹膜淡黃色
體長 5-9cm

黑眶蟾蜍 原生種 *Duttaphrynus melanostictus*
Spectacled Toad

虹膜橘紅色
橢圓形耳後腺
體長 6-11cm

盤古蟾蜍 *Bufo bankorensis* 台灣特有種
Central Formosan Toad

MY WILD NEIGHBORS 113

兩生類 AMPHIBIANS

我吹兩個泡泡
所以叫聲很大喔

貢德氏赤蛙

Sylvirana guentheri

Gunter's Frog

貢德氏赤蛙 ✓
@ Gunther's Frog
原生種

| 分類 | 赤蛙科 肱腺蛙屬
| 別名 | 沼蛙、石蛙
| 城市出沒地點 | 公園與校園池塘、水溝、景觀池、濕地

| 大小 | 體長 6~8cm
| 食物 | 以昆蟲與節肢動物為食
| 棲息地 | 常見於水田、池塘等靜水池。

{ 汪汪叫的蛙 }

「消防隊嗎？我要報案！」

「有一隻狗被困在水溝裡很多天了！」

消防隊員接到電話趕往現場，

結果搜尋了半天，

水溝裡根本沒看到狗，

只有找到一隻褐色的蛙⋯⋯

貢德氏赤蛙 | Gunther's Frog

貢德氏赤蛙因為絕佳的保護色，隱身在水中，不容易發現牠。

水溝裡的狗吠聲

民眾因為聽到水溝裡有狗叫聲，打電話去消防隊報案要求救狗，已經不是第一次發生了，這真實故事的主角就是貢德氏赤蛙，牠的叫聲「汪～汪～」的確像是狗吠聲。就連怪咖動物偵探第一次聽到這個叫聲也被牠騙了；再加上貢德氏赤蛙生性害羞，只要感覺一有風吹草動，就會躲起來，而且時常躲在水溝裡的蜿蜒管道中鳴叫，響亮的聲音不分白天或夜晚四竄，根本讓人搞不清楚牠們藏在哪兒，也很少有人特別注意過牠的模樣。

貢德氏赤蛙的適應力特別強，對棲息地的水源品質要求不高，因此在都會區池塘裡常可聽到宏亮的叫聲。下次若再聽到不明的狗吠聲，不妨悄悄靠近聲音來源仔細搜尋一下，也許就有機會看到牠的廬山真面目。

MY WILD NEIGHBORS

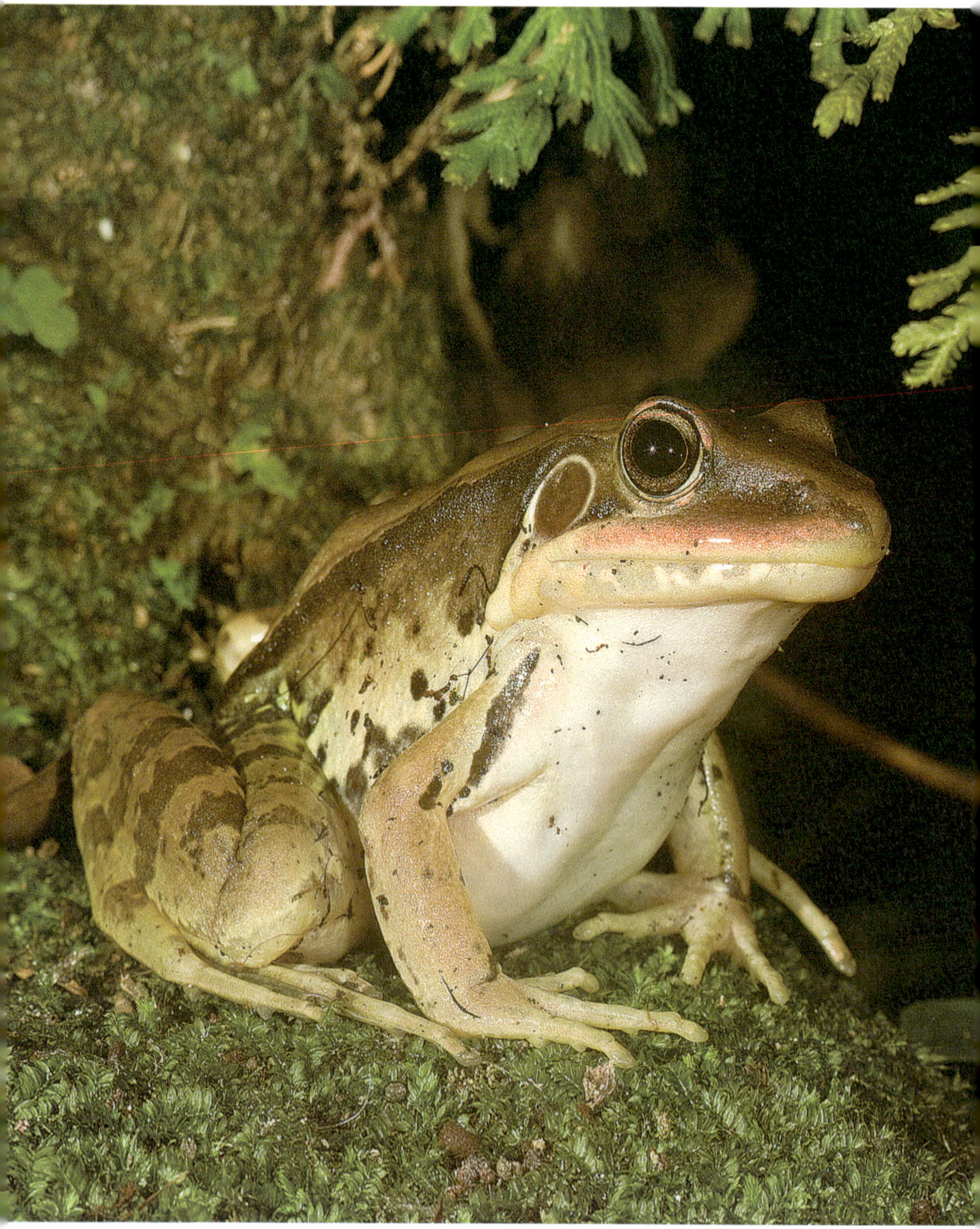

貢德氏赤蛙 | Gunther's Frog

鼓膜

牠只是在大聲唱情歌

不要嫌牠吵

戴耳機唱歌的蛙

可別看貢德氏赤蛙一身棕色樸素樣，牠也是深藏不露型，鼓膜上的白圈，像是戴著耳機，加上大聲唱歌的樣子，很像是個玩音樂的歌手。

蛙口增加的困擾

貢德氏赤蛙因為體型大，過去經常被捕捉販賣，因此數量銳減，所以曾被公告為保育類（目前已經降級為一般類），近年來因為保育觀念提升，野外族群數量逐漸增加，甚至在都會區都可以聽見牠們的叫聲。每年五月到八月是牠們的繁殖期，叫聲更加頻繁。但因離人類住家太近，其叫聲又是高分貝，若不希望和牠們當鄰居，民眾可以定期整理居家附近草地環境，清除廢棄水桶、水缸等任何積水空間，以降低牠們的入住，減少噪音困擾。

貢德氏赤蛙大多棲息於積水的水池、水溝或池塘，在繁殖期更容易聽見牠們的叫聲。

軟體動物 Mollusk

非洲大蝸牛
Giant African Snail
Lissachatina fulica

爬呀爬呀！爬滿全世界

{ 遍布世界的移民 }

要說野外最常見的蝸牛，
幾乎大家都會聯想到——
揹著錐形螺殼的非洲大蝸牛。
但這裡可不是牠們的老家，
其家鄉原是在遙遠的非洲啊！

非洲大蝸牛 ✓
@ Giant African Snail
外來種

| 分類 | 非洲大蝸牛科
| 別名 | 褐雲瑪瑙螺、菜螺、露螺（台語）
| 城市出沒地點 | 校園、公園、路邊行道樹、稍微潮濕之牆面都能見到

| 大小 | 殼高 10~15cm，殼寬 4~6cm
| 食物 | 為雜食性、會食用大型植物
| 棲息地 | 分布於中低海拔的各種棲地中，連離島也可以見到牠的蹤影

118　家門外的野鄰居

非洲大蝸牛 | Giant African Snail

非洲大蝸牛體型碩大，獨特的錐形螺殼是牠們的辨識特徵。

雌雄同體增產報國

下雨天的公園最常遇到「蝸牛地雷」了，有大有小的蝸牛們在路上緩慢爬行，若沒仔細看路，牠們可能就會變成你腳下的冤魂！其中數量最多的是揹著巨大錐形螺殼的巨無霸蝸牛，牠們可是來自遙遠的非洲移民——非洲大蝸牛。

非洲大蝸牛的祖先原本住在東非馬拉加西，在 1933 年左右引入台灣，原本是要當作食材，卻因為管理不當，讓牠們跑到野外，沒想到非洲大蝸牛的適應力極強，再加上牠們是雌雄同體，能夠「變男變女變變變」，所以只要有兩隻非洲蝸牛在一起就能夠繁殖（異體繁殖），因此幾十年後牠們已經稱霸了全世界，成為種群最龐大的蝸牛之一。

少說也要和你一起生個幾百顆蛋

我們來生蛋吧！

萬產蛋的巨大外來種

根據研究，台灣的非洲大蝸牛能一次生產超過 400 顆蛋，體型越大產的卵越多，原產地在中非東岸與馬達加斯加的牠們體型更大，一胎生 1000 顆蛋也不無可能。

太閃了！好甜蜜

MY WILD NEIGHBORS　119

軟體動物
Mollusk

> 難怪牠什麼都能吃到肚子裡
>
> 牠嘴巴是食物研磨機吧

非洲大蝸牛的嘴巴裡有許多小齒突起，排列舌頭上稱為「齒舌」，可以將食物磨碎。

農人的頭號公敵

非洲大蝸牛的食量驚人，雜食性的牠們吃遍果園、菜園、農地，難怪個個頭好壯壯，卻也是農人的頭號公敵。在夏天或缺雨的時節，常可看到牠們一動也不動的蟄伏在牆角，原本以為已經死亡，仔細觀察後發現，非洲大蝸牛為躲避乾旱，會將身體縮入殼內深處，並且分泌黏液在殼口上像似一層口蓋的白膜，好防止自己脫水，牠們會這樣一直待到下雨，環境濕潤時才出來活動，有如此高超的保命技巧，也難怪牠們的族群能夠一直擴大下去。

非洲大蝸牛當食材

台灣在 80 年代曾因為非洲大蝸牛引起一宗命案。有一家族誤信吃非洲大蝸牛可以養生而生食，食用後家人都感染了廣東住血線蟲，最後導致四人喪命的慘劇。後來經過研究，讓人致命的廣東住血線蟲的宿主為鼠類，野外的非洲大蝸牛若食用已感染的鼠類排遺或是屍體，便會連帶被傳染，這起慘案也因此而起。

非洲大蝸牛的引進本來就是為了食用，但並非生食，其實經過適當的清潔處理之後再煮熟，就不會有廣東住血線蟲的感染疑慮。目前台灣有農場專門養殖非洲大蝸牛的白化種——「白玉蝸牛」來供食用，採用室內精緻養殖方式來杜絕鼠害，讓人聞之色變的非洲大蝸牛就此搖身一變為高級食材。

台灣原生大蝸牛

算一算非洲大蝸牛來到台灣接近百年，也難怪很多人以為牠本來就生活在這裡，其實牠們算是台灣的新住民。真正原生的「另有其蝸牛」——斯文豪氏大蝸牛，是台灣最大的原生種陸生蝸牛，分布在北部和中部地區，雖然是最大的，但殼寬不到 6 公分，體型還是比不上巨無霸的非洲大蝸牛。

在外型上，屬於扁蝸牛家族的斯文豪氏大蝸牛牠的殼型是較扁的盾形，而非洲大蝸牛外殼是圓錐形，有著高高的螺塔，兩者名字雖然都叫「大蝸牛」，但不要認錯啦！

非洲大蝸牛 Giant African Snail

斯文豪氏大蝸牛
Nesiohelix swinhoei 台灣特有種
Swinhoe's Giant Snail
殼型盾形

非洲大蝸牛
Lissachatina fulica 外來種
Giant African Snail
殼型圓錐形

MY WILD NEIGHBORS　121

在馬達加斯加原產地的非洲大蝸牛。

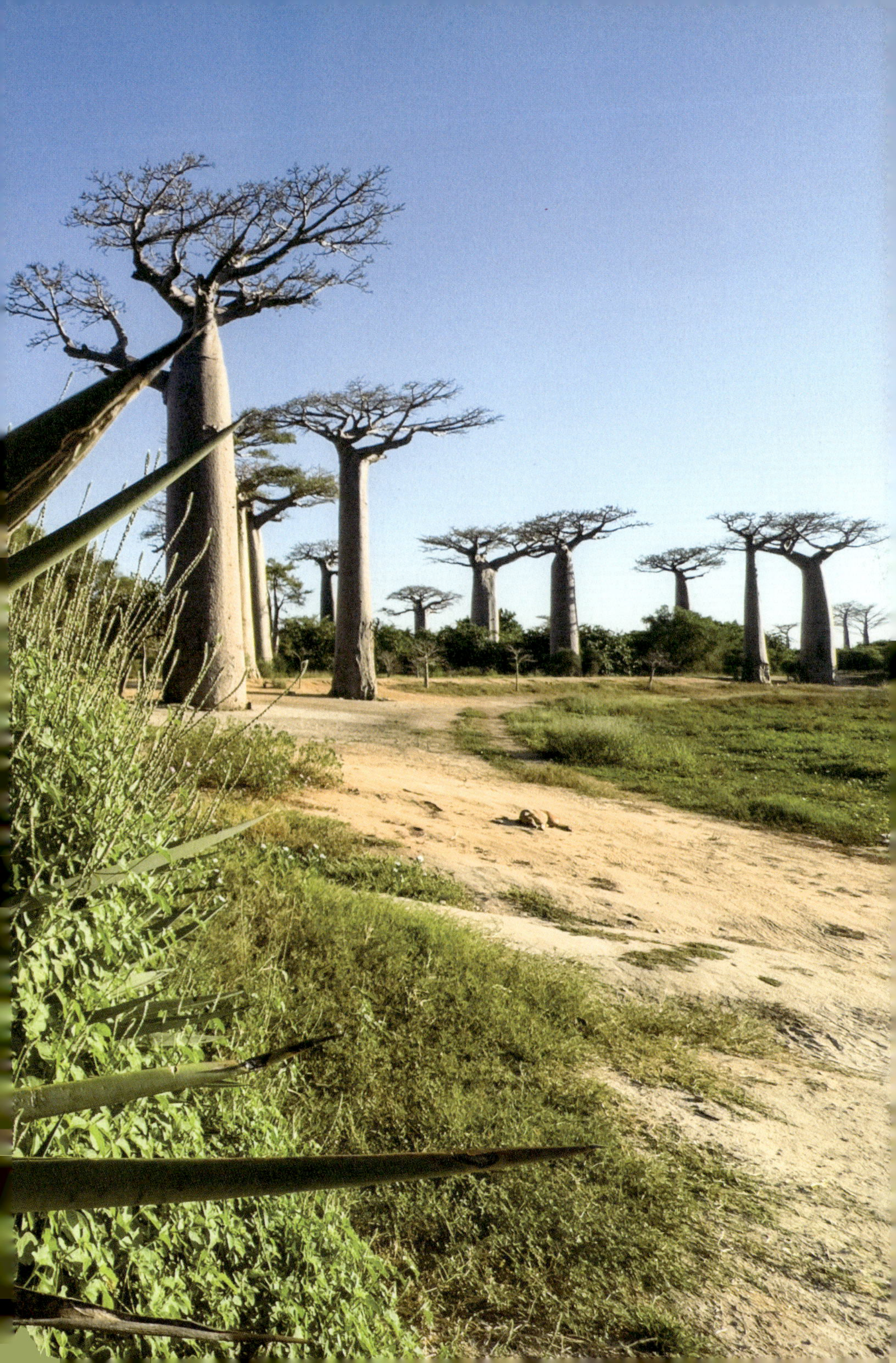

魚類 FISH

吳郭魚
Tilapia sp.
Tilapia

我現在有更好聽的名字叫作「台灣鯛」

｛外來霸王魚｝

池塘裡有什麼魚？

很多人會不加思索的說「吳郭魚」。

家鄉在非洲莫三比克的牠，

來台灣已經超過80年，

強勢的外來客稱霸各大水域，

根本沒辦法忽視牠的存在……

吳郭魚 ✔
@ Tilapia
外來種

| 分類 | 慈鯛目 慈鯛科
| 別名 | 台灣鯛、羅非魚、非洲鯽魚、慈鯛
| 城市出沒地點 | 公園或校園池塘、城市周遭河流下游、溝渠

| 大小 | 體長 35~40cm
| 食物 | 雜食性，常吃水中植物和有機物。
| 棲息地 | 生活於湖、河、池塘的淺水中，也能在出海口、近岸沿海等不同鹽分含量的鹹水中生存。

124　家門外的野鄰居

強韌的外種

吳郭魚 Tilapia

在公園水池裡最常見的魚類應該就屬外來種的吳郭魚了，但吳郭魚只是通稱俗名，代表的是種類眾多的「慈鯛科」家族。這個原來家住非洲莫三比克的魚，在 1946 年由吳姓與郭姓兩位人士引入台灣，開啟了食用魚產業，為紀念他們兩位的貢獻，才以其姓氏為這種魚命名，因此有了「吳郭魚」這個中文名字。

這個外來移民的魚類適應力極強，台灣許多河川都可見其蹤影，無論水域深淺，在淡水或出海口鹹淡水交界處，都可以生存，甚至在淺水、溶氧量極差的水域中，吳郭魚家族也可以存活下來，這猶如九命怪貓的強韌生命力，再加上雜食的天性，胃口奇佳的牠們就這樣強勢地開枝散葉，稱霸世界各大水域，連帶讓本土魚類的生存空間也受到危害。

吳郭魚體型大，對各種水質的耐受度又高，因此在全世界開枝散葉。

MY WILD NEIGHBORS

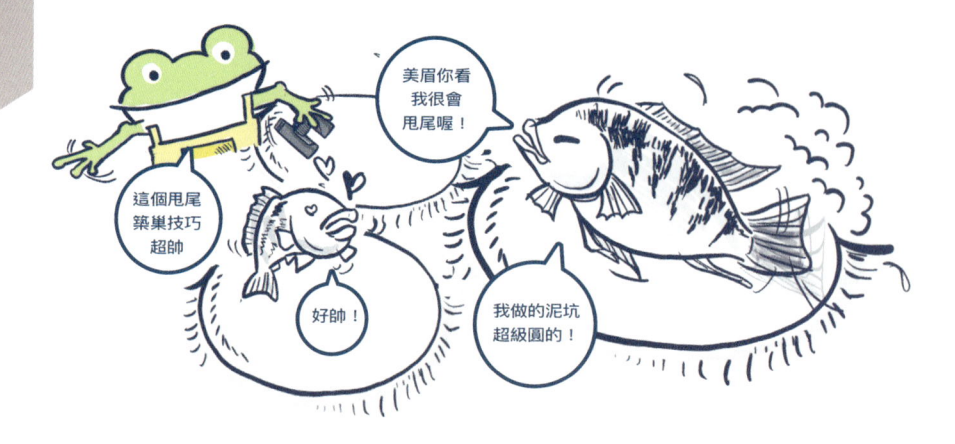

超有「愛」的吳郭魚

雖然通稱為吳郭魚，但牠的另一個名字「慈鯛」也別具意義，因為這一類的魚，會有保護卵和幼魚的行為，感覺很有愛，所以稱之為「慈」鯛。有些慈鯛爸媽會先在河灘地上用鰭挖出圓形淺盤狀的坑做巢，然後產卵巢中，之後牠們再把全部卵粒含於口中，直到孵化。孵化後的魚苗，亦會游到親魚口中尋求保護；如果幼魚長大一些，爸媽還會改成在身邊貼身巡護，十足是個模範家長！

慈鯛用嘴保護幼魚的方式相當特別，但也讓我不禁聯想，牠們在帶孩子的時候會不會突然咳嗽或噎到，一不小心就把寶寶或蛋吞到肚子裡呢？

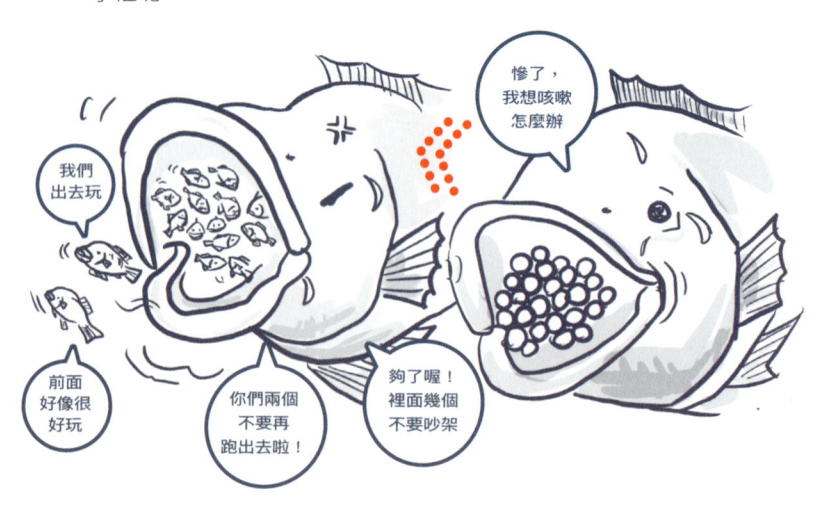

吳郭魚在非洲原產地也是重要的食材。

昆蟲 INSECTS

紅脈熊蟬

在地下悶了幾年
現在準備大展歌喉

Cryptotympana atrata

Black Cicada

紅脈熊蟬 ✓
@ Black Cicada
原生種

| 分類 | 半翅目 蟬科
| 別名 | 脈赤熊蟬
| 城市出沒地點 | 公園、校園、行道樹

| 大小 | 體長 3.7~3.9cm
| 食物 | 吸食植物汁液
| 棲息地 | 喜歡棲息於苦楝、構樹、柳樹、樟樹、菩提樹等平地常見樹種。

ID CARD

{ 在地的夏日歌手 }

每年到了夏天，

「七～七～七……」的蟬叫聲，

是專屬炎夏的樂章，

主唱之一的紅脈熊蟬，

在地底沉潛許多年，

就是在準備這場成年的演唱會。

128　家門外的野鄰居

紅脈熊蟬 | Black Cicada

只要熊蟬的歌聲一起，就代表夏天已經到來了。

流傳至今的蟬式情歌

夏天正中午，城市裡所有人都熱得頭昏腦脹，還有一種昆蟲在奮力唱歌，那就是熊蟬了。說真的，不得不佩服牠的耐力，而且熊蟬的歌聲並不怎樣，甚至有些惱人，但牠從不在意旁人的眼光，從日出一直唱到日落，而且一整天都是同一個調！沒辦法，這就是牠們家的傳統，自古流傳至今的情歌。

這個怪咖的成長期很長，一生多半時間都在地底下度過，但等到牠成年爬出泥土時，就開始使勁賣力的唱歌，我想應該是在土裡憋太久了！

MY WILD NEIGHBORS 129

肚子空空的共鳴

「熊蟬」的名字常被誤以為是「雄蟬」，當我在介紹牠時，常有人會用崇拜的口氣說：「你真厲害，一眼就看出來是公的！」不過，先別得意，不是我厲害，而是他搞錯字了。不過，如果你遇到的是正在唱歌的熊蟬，就可以大膽的鐵口直斷：「牠是公的！」雄蟬肚子第二節的發音器，兩片橘黃色的鼓膜宛如樂器裡的簧片，加上中空腹部的共鳴腔，就是能幫助牠大鳴大放，讓其發出猶如魔音傳腦的超大歌聲。

前半生在地底下度過

大多數雄的熊蟬大唱情歌吸引雌蟬交配後，就結束牠短短的生命，還真是為愛犧牲啊！而交配後的雌蟬會將卵產在樹皮內，蟬卵孵化後，若蟲會躲入地底土壤中，度過數年的成長時光，到底有多久？目前仍然沒有定論，可能連熊蟬自己都搞不太清楚。而蟬的成蟲最後會在夏夜裡爬出地面，摸黑回到樹幹上羽化，變成我們所熟知蟬的模樣，待天亮時，熊蟬已羽化完成，並展開牠們的求婚演唱會，而我們只能透過牠留在樹上的衣服（蟬蛻）來追蹤其生命軌跡了！

趁著黑夜掩護，準備羽化的熊蟬幼蟲。

沒想到蟬的舊衣服還有療效

舊衣回收

我的舊衣服回收還能賣錢

有功效的蟬蛻

蟬蛻是蟬羽化成蟲時，若蟲所脫落的殼，在中醫裡蟬蛻具有治療疏散風熱、喉嚨痛、音啞、痙攣，以及皮膚癢癢等功效，因此早期有專人在收購蟬蛻入藥。

紅脈熊蟬 | Black Cicada

夏夜的華麗變身

蟬在夏夜裡羽化，過程大約 1～3 小時，羽化過程中除了小心掠食者，更要擔心從蟬蛻脫出或翻身時不慎造成身體結構受損，甚至羽化失敗死亡。

Tips 1

用五感和動物做朋友

「我想要像怪咖動物偵探一樣在城市裡尋找動物,但該怎麼開始?」很多朋友都有這樣的疑問。其實,要觀察動物並不困難,只要運用每個人都有與身俱來的五個感官:視覺、味覺、嗅覺、聽覺、觸覺,仔細推敲各個動物們留下的「線索」,很快的,你也將變成一個厲害的動物偵探!

說到觀察,我們直覺想到的第一件事就是「用眼睛看」,「看」當然是重要的一環,但「聽聲音」也一樣重要。以鳥類觀察為例,聆聽四周是否有鳥類的叫聲、聲音是近還是遠,用這當作追蹤的線索找到聲音的來源,也就是這隻鳥的所在位置。

在戶外觀察牠們到底要注意哪些「重點」呢?假設看到一隻鳥飛過眼前,大多數人一定急著想知道:「那是什麼鳥?」但我認為動物的名字是最容易詢問、也是最快被遺忘的部分。希望大家放下對於詢問動物名稱的執著,先仔細觀察牠的外型樣貌:如身體特徵、羽毛、羽色,再來看看牠們在「做什麼」,無論是覓食、鳴叫、求偶、育雛。只要你有觀察到這些細節,就表示對牠們已經有了初步的認識。在這之後,再來記名字就變得容易多了。

除了初步觀看動物的外形樣貌之外,我會從動物的「生活」方面來著手,並歸納出六個觀察重點——衣、食、住、行、育、樂,這也就是我們人類的「生活六件事」。

「衣」——就是衣服。像我們一開始提到，先初步觀察鳥類的外型特徵，之後，可以再深入的觀察牠們身體各部分如：嘴喙、眼睛虹膜、頭部（是否有過眼線或裸皮、冠羽、額羽等）、翅膀、尾羽、腳的顏色與形態（是否有蹼？腳趾的分布？），這都是辨識物種的重要線索。以鳥類來說除了不同鳥種有著不同的羽色以外，有些鳥類公鳥和母鳥的羽色完全不同，沒有仔細看，都會以為牠們是不同種。

「食」——簡單來說就是動物們吃什麼？我們常依據食性有：草食性、肉食性或雜食性等簡單的分類。其實牠們的食物也有很多變化，像有些鳥類平常都吃果子，但是到了繁殖季，牠們會開始捕捉昆蟲來餵食雛鳥；有些鳥類是「機會主義者」，也就是能夠捕捉到什麼，就會吃什麼。當然，這觀察也包括了生物間「吃與被吃」的食物鏈關係。

「住」——也就是動物們的棲息地與棲息方式。棲息地就是指動物們居住的「區域」，棲息方式以人類的角度來說，就是住哪種「房子」，像白鼻心住在房屋的夾層裡，棕鳥在交通號誌上築巢，八哥住在坦克砲管裡等。

「行」——是指動物「行動方式」及「行為模式」，像鳥類的飛行、飛鼠的滑翔、紅冠水雞的水上飄、松鼠的攀爬與跳躍等。而行為模式就包含了覓食行為、求偶行為甚至是宣示領域的行為等。

「育」——就是動物的繁殖與育雛，可以從求偶開始觀察，像鳥類的交配、產卵、育雛都是相當精彩的過程。

「樂」——動物的「樂」這大概只會發生在哺乳動物身上，像獼猴有時也有打鬧、玩耍的行為。而我說的「樂」，是音樂的「樂」，也就是聆聽動物們的叫聲。

只要你到戶外時，放慢腳步，拿出你的好奇心，靜靜觀察生物的衣、食、住、行、育與樂，你將會有意想不到的新收穫，當然，如果可以帶著孩子或三五好友同行一起出門做觀察，會有加倍的效果，因為人多「視」眾！當然，我說的是視力的視！

不過，單靠眼睛觀察還是有些不足，有空可以多翻閱自然圖書或查找網路資料，會幫助你更快成為自然觀察的達人喔！

怪咖動物偵探 Tips 2
The Quirky Animal Investigator

城市動物捉迷藏

每次只要提到我在城市裡的動物觀察,就有人會用懷疑的口吻問:「城市哪裡找得到動物?」的確,大家多認為在郊野、山林裡才能見到動物,殊不知城市裡就有好多的動物每天在和我們捉迷藏呢!以下是城市裡可以觀察到動物的區域供大家參考:

1. 住家裡面──
家裡能夠觀察到的生物大多是昆蟲,以蟑螂、蚊子、螞蟻等最為常見。壁虎是被昆蟲吸引來的爬蟲類,廚房角落偶爾會有入侵的老鼠,錢鼠則是偏好一樓房子的廚房廚餘桶周遭,而在天花板夾層或屋簷孔隙是大赤鼯鼠和白鼻心入住的區域。

2. 住家外面──
陽台、花園會有無尾鳳蝶造訪,有時白頭翁、綠繡眼或斑鳩等鳥類也會來築巢。騎樓裡是家燕青睞的築巢區域,屋外的冷氣室外機、招牌是麻雀和亞洲輝椋鳥喜愛的營巢之處。而空曠的頂樓平台,則有可能吸引夜鷹來生蛋育雛,當然附贈的可能就是高分貝的求偶歌聲。

3. 馬路上──
安全島和行道樹都是城市動物喜愛的熱點，像是鳳頭蒼鷹、台灣藍鵲、喜鵲、各種斑鳩都喜歡在樹上築巢。而交通號誌和支撐號誌的鋁管則是八哥的最愛。斑鳩和鴿子也喜歡在高架橋下緣棲息。

4. 公園、綠地裡──
城市裡的公園都是動物們喜愛居住的地方，也是牠們在城市的「綠色島嶼」，從小型的鳥類：像紅嘴黑鵯、綠繡眼、五色鳥……，到較大型的鷺科家族：夜鷺、黑冠麻鷺甚至是小白鷺、黃頭鷺都選擇落腳在這裡，公園裡池塘周圍的樹木有些都已成為鷺科家族繁殖的地方。紅耳龜、斑龜、吳郭魚是池塘裡的常客，而赤腹松鼠則是公園裡常見的明星哺乳動物，城市公園更是鳳頭蒼鷹的食堂。

5. 校園裡──
如果說公園是城市動物們的綠色島嶼，校園就是牠們的庇護所，因為許多學校都只有在白天使用，天黑之後就變成動物們的樂園，尤其是夜行性的領角鴞、白鼻心、大赤鼯鼠都選擇入住校園，而藍鵲、黑冠麻鷺、鳳頭蒼鷹也把校園當成繁育基地，在這裡養育下一代。

其實有動物入住的城市，代表了城市的自然環境變好，更是因為人們給予動物更加的友善與包容的生存空間，也是一個進步城市的象徵。城市的土地原本應是田野或山林，當人類開發進駐之後，環境的破壞也讓動物們離開原來的棲息地；而現在，動物們都慢慢的一個一個「回家了」。

身處都市的你，一定沒有想過，不用大費周章的跑到郊野，打開家門就能觀察動物，有動物相伴的生活，是很幸福的，讓我們重新學習和這些動物做鄰居！

Taiwan Style 96

怪咖動物偵探 2
The Quirky Animal Investigator
家門外的野鄰居
My Wild Neighbors

文　圖｜黃一峯
審　訂｜吳尊賢

編輯製作｜台灣館
總　編　輯｜黃靜宜
主　　　編｜張尊禎
攝　　　影｜黃一峯
美術設計｜黃一峯
手寫標題｜陳采希
行銷企劃｜黃冠寧

發行人｜王榮文
發行單位｜遠流出版事業股份有限公司
地址｜104005台北市中山北路一段11號13樓
電話｜02-25710297　傳真｜02-25710197
劃撥帳號｜0189456-1
著作權顧問｜蕭雄淋律師
輸出印刷｜中原造像股份有限公司
□2025年7月1日初版一刷

定價400元 （缺頁或破損的書，請寄回更換）
有著作權‧侵害必究 Printed in Taiwan
ISBN 978-626-418-227-0

YLib.com 遠流博識網　http://www.ylib.com
Email:ylib@ylib.com

國家圖書館出版品預行編目 (CIP) 資料

怪咖動物偵探. 2, 家門外的野鄰居 = The quirky animal
investigator : my wild neighbors/ 黃一峯文．圖. -- 初版.
 -- 臺北市 : 遠流出版事業股份有限公司, 2025.07
　　面；　公分. -- (Taiwan style ; 96)
　　ISBN 978-626-418-227-0(平裝)

1.CST: 動物學 2.CST: 昆蟲學 3.CST: 通俗作品

380　　　　　114007093

怪咖動物偵探

The Quirky Animal Investigator

怪咖動物偵探
The Quirky Animal Investigator